J. H. Knapp

Über Krankenhäuser, besonders Augen-Kliniken

J. H. Knapp

Über Krankenhäuser, besonders Augen-Kliniken

ISBN/EAN: 9783743609501

Hergestellt in Europa, USA, Kanada, Australien, Japan

Cover: Foto ©berggeist007 / pixelio.de

Manufactured and distributed by brebook publishing software
(www.brebook.com)

J. H. Knapp

Über Krankenhäuser, besonders Augen-Kliniken

Ueber

Krankenhäuser,

besonders

Augen - Kliniken.

Von

Dr. J. H. KNAPP,

Professor in Heidelberg.

HEIDELBERG.
Verlagsbuchhandlung von Fr. Bassermann.
1866.

VORWORT.

~~~

Das Projekt des Neubaues eines akademischen Krankenhauses in Heidelberg, in oder neben welchem auch eine Augenklinik errichtet werden soll, gab die Anregung zu nachfolgendem Schriftchen. Ich dachte mir, dass es gelesen werden möchte von Leuten, die für die Noth und Hülfe der Kranken ein Herz haben, von Leuten, deren Beruf in der Heilung der Kranken besteht, von Leuten, welche aus Pflicht und Neigung für Wohlthätigkeits-Anstalten thätig sind. Zu den letztgenannten Leuten rechne ich besonders die Staats- und Gemeindebehörden, sowie die Landes- und Kreisabgeordneten. Ich schrieb vorzugsweise zum Nutzen einer jüngern Art von Krankenhäusern, der Augenheilanstalten, welche an vielen Orten leider noch um die Anerkennung ihres Bürgerrechtes kämpfen müssen. Das Schriftchen ist nicht lang — eigentlich nur die Ausarbeitung eines Ende Februar im hiesigen Museumssaale gehaltenen Vortrags —, denn es lag mir daran, mehr den innern Betrieb, die Beurtheilung der Leistungen und Beschaffung der Mittel, als die baulichen Einrichtungen der Krankenhäuser klar und bündig darzustellen und zwar mit beständiger Rücksichtnahme auf die Verwirklichung des Gedachten in unserm Lande.

Heidelberg, im Mai 1866.

H. KNAPP.

Inhalt.

~~~~~

VI

—o⊙>◌<⊙o—

Die Krankenhäuser gehören zu den segensreichsten Schöpfungen der Wohlthätigkeit. Wer ist vor allen Andern Gegenstand der Wohlthätigkeit? Der zufällig Verunglückte, das Kind, der Greis, der Kranke. Sind dafür besondere Anstalten nothwendig? Sorgt nicht die Nächstenliebe überall für die Unglücklichen und Hülflosen?

Zum Glück ist dies meist der Fall. Im Privatleben, im Familienkreise und im geselligen Verkehr wird so unendlich viel Barmherzigkeit ausgeübt, dass die in den Wohlthätigkeitsanstalten dagegen verschwinden würde, wollte man auch über jene Buchführung halten. Wenn dieses auch der richtige Zustand einer sich materiell und moralisch gut entwickelnden Gesellschaft ist, so dass man wünschen muss, eine jede Familie sei im Stande, für ihre hülfsbedürftigen Mitglieder zu sorgen, so ist dieser Zustand des Glücks doch in unserm Jahrhundert noch nicht vorhanden, er war es auch nie und wird wohl schwerlich jemals eintreten. Selbst wenn der Wohlstand in alle Familien eingezogen wäre, so würde man Krankenhäuser nicht entbehren können; denn es gibt viele Krankheiten, welche nicht an jedem Orte geheilt werden können, sei es, dass das Klima

oder die Lage überhaupt eine Entfernung der Patienten
erfordert, oder dass in der Privatwohnung die zur Heilung
nothwendigen Apparate und Einrichtungen, z. B. Bäder,
Turn-Geräthschaften, electrische Apparate u. dgl. nicht zu
beschaffen sind, oder dass der betreffende Familienarzt mit
der Heilung einer seltenen Erkrankung zu wenig vertraut
ist, z. B. mit der Operation des grauen Staars oder
anderer chirurgischen Operationen, die so selten vorkommen, dass nicht jeder practicirende Arzt darin die
nöthige Uebung und Sicherheit sich erwerben kann. Es
leuchtet Jedem ein, wie wünschenswerth, ja unentbehrlich
es ist, dass für solche Fälle specielle Anstalten mit allen
für den bestimmten Zweck förderlichen Einrichtungen geschaffen werden, deren Leitung solchen Aerzten übertragen
wird, welche sich das Studium und die Heilung gerade
solcher Fälle vorzugsweise zu ihrer Berufsaufgabe gemacht
haben. Solche Krankenhäuser sind dann wohl dem betreffenden Kranken eine Wohlthat, aber sie sind keine
Wohlthätigkeitsanstalten, denn der Kranke vergütet sowohl Verpflegung als auch ärztliche Bemühung. Sie sind
Privatheilanstalten. Wenn der Zustand der Gesellschaft ein so günstiger wäre, dass wir nur solche brauchten,
wie stände es dann mit dem Unterricht der jungen
Aerzte? Wo fänden diese die hinreichende Gelegenheit,
die unendlich vielen Krankheiten, denen der menschliche
Körper unterworfen ist, kennen zu lernen? Die Frage
brauchen wir nicht zu beantworten, denn die Wirklichkeit
ist anders. Es gibt leider der Armen allenthalben noch
zu viele, welche in gesunden Tagen sich und die Ihrigen

nur mit unausgesetzter Arbeit ernähren, aber, wenn sie
erkranken, fremder Hülfe nicht entbehren können. Für
sie sorgt dann die Gesellschaft und als Gegendienst gestatten sie es gern, dass auch die studirenden Aerzte den
Verlauf ihrer Krankheiten mit beobachten und dadurch
kennen lernen.

Anstalten, welche nicht bloss zur Verpflegung und
Heilung von Leidenden, sondern auch zur Unterweisung
der studirenden Aerzte an Krankheitsfällen bestimmt sind,
nennt man Kliniken. Da die wohlhabenden Kranken
sich selten dazu herbeilassen, sich selbst als Unterrichts-
material hinzugeben, auch wenn die Art ihrer Erkrankung
sie zwingt, in einer besonderen Heilanstalt Hülfe zu suchen,
so sind die Kranken in den Kliniken durchgehends Arme,
welche nur als Gegenleistung für ganz oder theilweise
kostenfreie Verpflegung und ärztliche Behandlung es gestatten, dass die jungen Aerzte durch Mitbeobachtung
ihrer Krankheiten sich mit diesen vertraut machen. Die
klinischen Krankenhäuser sind also Wohlthätig-
keits- und Unterrichtsanstalten zugleich.

Sehen wir von dem Unterrichte ab, so finden wir
doch in der Zusammensetzung der Gesellschaft
die Bedingungen für die Unentbehrlichkeit verschiedener Arten von Wohlthätigkeitsanstalten
gegeben. Die Armuth ist es, welche das in jeder
Menschenbrust liegende Gefühl der Barmherzigkeit und
Nächstenliebe erstickt oder wenigstens nicht zu Thaten
kommen lässt. Die Armuth, welche allerorten sich findet,
hier nackt zur Schau gestellt, dort verborgen und ver-

schämt, zwingt die Mutter, ihr hülfloses Kind allein
zu lassen, verbietet dem Sohn, seinen alten Vater zu
stützen und zu erhalten, erlaubt es nicht, dass die liebende
Schwester den kranken Bruder pflege. Sie müssen der
Arbeit nachgehen, um das eigene Leben zu fristen.

Der fleissige Arbeiter ernährt sich und seine Familie
vortrefflich, so lange diese klein ist. Vermehrt sie sich aber,
so kann die Mutter nicht mehr mit verdienen helfen;
ihre Thätigkeit wird ganz und gar von der Sorge um die
Kleinen in Anspruch genommen. Was sich zunächst
fühlbar macht, das ist der Mangel einer gesunden und
ausreichenden Wohnung. Der Arbeiter kann die Miethe
dazu nicht erschwingen, wenn die Seinigen nicht hungern
sollen. Was bleibt ihm übrig, da er doch seine Familie
nicht zu Grunde gehen lassen darf? Er wendet sich um
Unterstützung an die Gesellschaft, deren Glied er ist, an
seine Gemeinde. Diese sieht das Elend ein, sowie die
Unmöglichkeit der Selbsthülfe, sie unterstützt den Arbeiter
mit Geld oder sorgt ihm selbst für eine genügende Wohnung. In solcher Lage sind aber in grösseren Gemeinde-
verbänden gar manche Armen. Die wohlhabenden Ge-
meindebürger wollen es nicht, dass einer ihrer armen
Mitbürger an dem Unentbehrlichen Mangel leide. Sie
bauen deshalb ein Haus, in welchem sie den bedürftigen
Familien gesunde Wohnungen unentgeltlich oder um billigen Miethpreis verschaffen. Die niedrigste Art der
Wohlthätigkeitsanstalten, das Armenhaus, ist entstanden.

Der Arbeiter ist jetzt wieder im Stande, Frau und
Kinder zu ernähren. Die letzteren gedeihen, wachsen heran

und werden selbst arbeitsfähig. Die Familie zieht aus
dem Armenhause aus, richtet sich wieder selbst eine
Häuslichkeit ein und ist der Gesellschaft als ein recht-
schaffenes, fleissiges und selbständiges Glied zurückgegeben
zum Lohne dafür, dass man ihr zur Zeit der Noth hülf-
reich unter die Arme griff.

An ihre Stelle im Armenhause soll aber jetzt
eine andere arme Familie einziehen, welche nicht nur
eine Schaar unmündiger Kinder, sondern auch noch alte,
ernährungsunfähige Eltern mitbringt. Für Frau und Kinder
ist der rüstige Vater wohl im Stande das tägliche Brod
zu erwerben, aber nicht mehr für seine gebrechlichen
Eltern. So wehe es ihm auch thut, denen nicht helfen zu
können, welche ihm das Dasein gegeben und ihn mit dem
Lohn saurer Arbeit lange Jahre hindurch erhalten haben,
so ist er doch gezwungen, die Gesellschaft der Wohlhabenden nicht nur um Obdach, sondern auch um Nahrung für seine Eltern zu bitten. Die Gesellschaft findet
seine Bitte unabweisbar, nimmt ihm die Sorge um die
Eltern ab, errichtet für diese ein Haus, in welchem sie
ihnen gesunde Wohnungen gibt und auch für sie
kocht. In dieses Haus werden alle ernährungsunfähigen,
alten und gebrechlichen Leute aufgenommen, welche
keine Angehörigen mehr haben, die für sie zu sorgen
im Stande sind. Das Haus, die zweite Stufe der Wohlthätigkeitsanstalten, wird ein Pfründnerhaus oder
Versorgungshaus genannt.

Es gibt nun noch gewisse mangelhafte Menschen,
die zwar durch eigene selbständige Thätigkeit sich ihren

vollen Lebensunterhalt nicht zu schaffen vermögen,
wohl aber zu bestimmten niedrigen Verrichtungen fähig
sind und so einen Theil ihres Unterhaltes selbst verdienen
können. Dahin gehören die Krüppel: Lahme, Einarmige,
Halbblinde, Geistesschwache und dergleichen unvollkommene
menschliche Wesen. Auch für diese muss die Gesellschaft sorgen. Sie baut für sie die Arbeitshäuser,
worin sie diesen Unglücklichen Obdach und Nahrung gibt,
sie zugleich aber auch mit solchen Fabrikationen beschäftigt,
für welche sie noch fähig sind. Das Arbeitshaus versieht
sie mit Rohmaterial und sorgt für den Absatz der Waare.
Kommen schwere Zeiten für die Industrie, so dass auch
eine Anzahl gesunder Arbeiter geschäftslos werden, so
nimmt das wohlthätige Arbeitshaus wohl auch diese auf
und wird für sie der Arbeitgeber.

Wenn die Noth kommt, so wird dem Bedrängten nicht
immer von guten Nachbarn aufgeholfen, mitunter bekommt
er auch harte Worte und wird unfreundlich abgewiesen.
Er lässt sich dies nicht verdriessen und spricht um kleine
und kleinste Gaben die vorübergehenden Fremden an:
er bettelt. Dabei wird er von der Polizei verjagt.
Was bleibt übrig? Er verhilft sich mit List und Gewalt
zu dem zum Dasein Unentbehrlichen: er stiehlt oder
raubt. Nun hält sich die Gesellschaft von ihm gefährdet
und setzt ihn fest in ein Strafhaus, Besserungshaus,
Zuchthaus. Diese verschiedenen Arten der Gefängnisse
sind auch Wohlthätigkeitsanstalten, denn man darf
annehmen, dass die meisten Bewohner solcher Räume
dieselben nicht betreten haben würden, wäre es ihnen

ausserhalb derselben nur halb so gut gegangen wie innerhalb.

Verlassen wir diese Stätte und kehren wieder zu unserer armen Arbeiter-Familie zurück, welche sich mit Fleiss und Sparsamkeit redlich ernährt. Der Vater wird krank, und damit die Familie brodlos. Wer sorgt? Die Gesellschaft natürlich, die Gemeinde. Ein geräumiges, gut zu heizendes und zu lüftendes Krankenzimmer, leicht verdauliche Krankenkost, sorgfältige Pflege und die unentbehrliche Ruhe und Ungestörtheit lassen sich in der bescheidenen Arbeiterwohnung nicht schaffen. Die Gesellschaft hält es für das Beste ein Haus eigens für Kranke zu bauen und einzurichten, ein Krankenhaus. In dieses nimmt sie den armen Arbeiter, wenn er erkrankt, auf, und umgibt ihn mit Allem, was zu seiner Heilung förderlich ist. Die Mutter wird der Sorge für die Kinder nicht entzogen, so dass diese keine Noth leiden und der Vater kehrt in kurzer Zeit gesund wieder zurück, um von Neuem der Erhalter seiner Familie zu sein. Andere Male nimmt das Krankenhaus auch die Mutter, die Kinder, die Wittwen und Waisen auf, sobald sie bei ihren dürftigen Angehörigen in Erkrankungsfällen nicht die gehörige Pflege haben können. Noch unentbehrlicher als für die Ortsarmen, erweist sich das Krankenhaus für die Fremden, wenn diese fern von der Heimath krank werden. Niemand ist gesetzlich gezwungen, sie aufzunehmen und doch muss sich die Gesellschaft ihrer erbarmen. Sie verpflegt sie im Krankenhaus. Gerade die Nothwendigkeit für die fremden Kranken Zufluchts- und Heilungsstätten

zu haben, gab auch den Krankenhäusern den gebräuch-
lichen Namen Hospitäler, hergeleitet von dem lateinischen
Worte »Hospes«, welches einen gastlich aufgenommenen
Fremden, oder, im Gegensatz zum Einheimischen, einen
Fremdling überhaupt bedeutet. In vielen Sprachen hat man
davon eine wortgetreue Uebersetzung, so heisst z. B im
Holländischen »Gasthuis« ein Krankenhaus. Auch im Deutschen hatten wir früher einen wortgetreuen Ausdruck dafür,
nämlich Elendherberge, was nichts anderes als Frem-
denherberge bedeutete. Denn das Wort Elend stammt
von Elelend oder Aliland, d. i. Fremdland. In's Exil
gehen, hiess in's Elend gehen.

Ebenso unentbehrlich wie für die Reisenden zeigen
sich die Krankenhäuser auch für die Dienstboten und
Gesellen. Die Herrschaft ist nicht im Stande dem Geschäft mit eigenen Kräften zu genügen. Wenn der Dienst-
bote oder Geselle erkrankt, so kann ihn der Dienstherr
nicht pflegen, seine Zeit ist seinem Geschäfte unent-
ziehbar. Ja sogar der erkrankte Gehülfe muss ersetzt
werden und dem neueintretenden muss der alte Platz
machen, denn das Haus des Geschäftsmannes besitzt keinen
überflüssigen Raum. Der Kranke wird also in's Hospital
aufgenommen, daselbst verpflegt und geheilt, was für ihn
am besten ist und von dem Dienstherren eine Geschäfts-
stockung fernhält.

Auf diese Weise sehen wir das Bedürfniss nach
Krankenhäusern begründet. Das Bedürfniss dazu ist aber
auch kein junges, durch die Entwicklung unserer modernen
gesellschaftlichen Zustände hervorgerufenes. Die Spitäler

haben ihre Geschichte und diese ist von verschiedenen
Seiten, wenn auch meist monographisch für eine bestimmte
Gattung von Spitälern und einen bestimmten Gau, verfolgt worden. Sie bietet uns mit ihren urkundlichen
Ueberlieferungen und den monumentalen Resten der uns
erhaltenen Gebäude einen schätzenswerthen Beitrag zu der
Kulturgeschichte, namentlich des Mittelalters. Ob man
im Alterthum Krankenhäuser nach unserer Art hatte, ist
mir nicht bekannt. Die Heilkunst wurde im Alterthum
von den Priestern ausgeübt und diese schrieben die Erfolge
nicht ihrer Kenntniss und Erfahrung zu, sondern der
Wunderkraft und Macht des Gottes, dem sie dienten. Die
Kranken wallfahrteten zu den berühmten Tempeln, namentlich zur Zeit der Feste des Gottes, nicht sowohl, weil
sie diesen dann geneigter zur Hülfespendung voraussetzten,
sondern auch, um sich den Rath der zahlreichen Besucher
des Festes zu erbitten, von denen wohl der eine oder
andere ähnliche Krankheiten gesehen haben mochte. Zum
Rathgeben an Kranke findet man so gern Jedermann bereit.
Während gerade der Arzt, wenn er nicht gefragt wird,
seinen Rath an sich hält, sind die Laien, namentlich die
Frauen, damit um so freigebiger. Dass einzelne Priester
im Alterthume, ebenso bestimmte Tempel, vorzüglichen
Ruf im Heilen genossen, ist natürlich.

Auch der Stifter der christlichen Religion war ein
hochberühmter Arzt. Zu ihm strömten die Kranken in
Menge, denn es hiess von ihm: er macht die Blinden
sehend, die Lahmen gehend, die Aussätzigen rein und
die Todten weckt er wieder auf. Wer jemals das Glück

hatte, in Rom gewesen zu sein, dem wird Rafaël's vortreff-
liches Gemälde im Vatican, die Transfiguration, unver-
gesslich bleiben, in welchem der geniale Künstler gerade
diesen Stoff zu einem seiner gepriesensten Meisterwerke
verarbeitet hat. Auf demselben Bilde sieht man die
himmlische Erhabenheit von Christus neben seinem irdischen Wirken dargestellt. Der Verklärte schwebt in der
Luft, leicht und gerade nach aufwärts strebend. Elias
und Moses etwas tiefer zu beiden Seiten sich als unselb-
ständige Gestalten schief nach ihm hinneigend. Unten
stehen seine Schüler und betrachten einen Knaben der an
Veitstanz leidet und von seinen Angehörigen herbeigeführt
wird, die Mutter kniet bittend, man möge dem grossen
Elend doch abhelfen. Der Vater macht ein etwas ver-
zogenes und misstrauisches Gesicht, als wolle er sagen: wir
sind jetzt überall vergeblich gewesen, nun haben wir ihn
auch noch zu Euch gebracht, um zu sehen, ob Ihr denn
wirklich helfen könnt. Die Jünger betrachten den Knaben, dessen Augen und Glieder durch Krämpfe verzerrt
sind, befremdet und theilnahmsvoll. Es sind dieselben
Züge, dieselben Geberden, welche man noch heuzutage in
unsern Kliniken sieht, wenn ein merkwürdiger, noch nicht
dagewesener Fall gebracht wird. Sie sehen den Knaben
verwundert an und sind über die Diagnose durchaus im
Unklaren; einer schlägt in einem Buche nach, ein anderer aber deutet mit der Hand nach dem Heiland in der
Höhe: »das geht über unser Wissen und Können, da
muss der Meister selbst helfen«.

Die Errichtung von eigentlichen Krankenhäusern führt uns in's frühe Mittelalter zurück. In Baden ist das älteste Spital wahrscheinlich das Heiliggeist-Spital in Freiburg, von welchem eine Urkunde schon im Jahr 1120 spricht. Die Spitäler zu dieser Zeit und im späteren Mittelalter waren meistens Pfründnerhäuser, die nicht nur Arme, sondern auch Reiche aufnahmen, welche letzteren sich einkauften, einpfründeten, um bis an ihr Ende ein arbeitsfreies und sorgloses Leben führen zu können.

Eine sehr weite Verbreitung hatten zur Zeit der Kreuzzüge und später die Spitäler für die Aussätzigen, die Leprosenhäuser. Der Aussatz, welcher von jeher im Morgenland eine sehr verbreitete und ansteckende Krankheit gewesen ist, trat mit den Kreuzzügen auch in Europa in ungeheuerer Ausdehnung auf, so dass man damals mehr Aussatzhäuser hatte, als jetzt Krankenhäuser überhaupt, z. B. zur Zeit Ludwigs VIII. in Frankreich mehr als 2000. Die Aussätzigen waren von der Gesellschaft verbannt, ihre Häuser befanden sich ausserhalb der Stadt, entweder auf einer Anhöhe oder sonst abgelegen. Von dem Leprosenhaus zu Heidelberg (jetzt noch Gutleuthof genannt) wird im Jahr 1430 sogar geschrieben, dass es sich im Bett des Neckars befand. Die Aussätzigen hatten eine besondere Tracht, langes schwarzes Gewand, und lebten meist abgeschlossen von der Welt in ihren Häusern. Gingen sie auf's Feld, so mussten sie sich durch eine Klapper zu erkennen geben und immer so gehen, dass der Wind nicht von ihnen nach den gesunden Begegnern hinwehte. In die Stadt durften sie

nur zu bestimmten Zeiten kommen, um Almosen einzu-
sammeln oder Einkäufe zu machen und was sie kaufen
wollten, durften sie, nur mit dem Stock berühren. Von
Kirchen, Mühlen, Brunnen und Quellen mussten sie sich
streng fern halten. — Die Erkennung des Aussatzes geschah
durch ärztliche Visitation, worauf dann die Stadtbehörde
den Ausschluss aus der bürgerlichen Gesellschaft anordnete,
was unter den Ceremonien eines Leichenbegängnisses vor
sich ging. Für den als aussätzig Erkannten wurde eine
Todtenmesse gelesen, er selbst vom Priester mit Weih-
wasser besprengt, in sein schwarzes Gewand eingekleidet,
die Schuhe wurden ihm ausgezogen und unter Gebeten
ward eine Schaufel voll Erde auf seine blossen Füsse ge-
worfen. Somit war er bügerlich todt und wurde eingeführt in die Wohnungen der »Sondersiechen«, wo er nach
gewissen geistlichen Ordensregeln leben musste. Das
Leprosenhaus am Isarberg zu München hatte eine ganz
parlamentarische Hausordnung. Hausmeister und Haus-
meisterin sollen aus der ganzen Versammlung der siechen
Menschen gewählt werden. Jeden Monat an einem Freitag Vormittag sollen die Siechen ein Kapitel halten und
wie sie in's Haus gekommen sind, nach einander, der
Hausmeister aber und die Meisterin in der Mitte sitzen.
»Unnd wenn der merer Tail unter Inen erfindt und für
guet achtt, das zu pössern oder zu strafen sey, das soll
gehalten werden.« Wer im Kapitel ohne Erlaubniss des
Hausmeisters redet, ehe die Frage an ihn kommt, der
soll gestrafet werden. *)

---

*) Von Hefner, Oberbayrisches Archiv, München 1862 XIII. 1.
p. 72. Virchow, sein Archiv XVIII. 1. p. 159.

Der Aussatz galt als eine Schickung Gottes und zwar als eine besondere göttliche Gnade, indem der Allmächtige schon hier auf Erden dem Befallenen vergönnte, sich von _ den Schlacken und Unsauberkeiten zu reinigen. Der Aussätzige wurde somit als ein Auserwählter Gottes, als ein Märtyrer angesehen, welcher so geläutert ohne weiteres nach seinem Tode in's jenseitige Paradies eintreten könnte. Viele Orden wählten desshalb zu ihren Vorstehern auch vorzugsweise Aussätzige, und selbst Könige und Fürstinnen betraten die Aussatzhäuser, verbanden die Kranken und thaten ihnen die niedrigsten Dienste, um durch diese Demuth sich der göttlichen Gnade theilhaftig zu machen. Die Aussatzhäuser hiessen desshalb »Gutleuthäuser.« Aus diesem Grunde ist es auch nicht zu verwundern, dass dieselben von frommen Leuten viele Vermächtnisse erhielten.

Im siebzehnten und achtzehnten Jahrhundert verschwand der Aussatz aus Mitteleuropa fast ganz, die Leprosenhäuser waren überflüssig geworden und verwandelten sich in eigentliche Krankenhäuser oder ihre Fonds wurden anderen Krankenhäusern zugewiesen. Auch die Pfründnerhäuser wurden immer seltener, indem reiche Leute es vorzogen, ihr ruhiges und geschäftsfreies Alter im eigenen Hause bei ihrer Familie, statt in einem Spitale unter Fremden zu verleben, so dass wir heutzutage in den Pfründnerhäusern nur noch gebrechliche Unbemittelte antreffen. Die Krankenhäuser der Jetztzeit dienen mehr dem gleichen Zwecke der Krankenpflege und Heilung; doch finden wir ihren Betrieb wieder sehr verschieden, indem eine Spezialisirung nicht wie früher nach Klassen der Gesellschaft, sondern je nach bestimmten Heilzwecken eingetreten ist. Die Spezialisirung geschieht vorzugsweise nach zwei Richtungen hin, 1) nach der besonderen Art der Heilmittel oder Heilmethoden und 2) nach der der Krankheiten, um derentwillen ein Spital ausschliesslich oder vorzugsweise eingerichtet ward. Die erstere Gruppe von Krankenhäusern, in welchen nur eine bestimmte Heilmethode geübt wird und daher verschiedene durch diese Methode heilbare Arten von Kranken Aufnahme finden, ist an Zahl weit beschränkter. Ich nenne davon als Beispiele die Kaltwasserheilanstalten, die Kiefernadeln- und andere Bäder, Anstalten für Kräuterkuren, electrische Kuren, Heilgymnastik. Alle diese Anstalten verfallen leicht in den Fehler, dass sie die Heilanzeigen für die in ihnen geübten Kurmethoden zu sehr ausdehnen, mit demselben Mittel viele oder die meisten Krankheiten heilen wollen und so entweder direct oder durch Vernachlässigung eines für den einzelnen Krankheitsfall zweckmässigeren Mittels schaden können.

Die zweite Gattung von Krankenhäusern, welche nur bestimmte Gruppen von Krankheiten aufnehmen, leisten mit Bezug auf den Heilzweck wohl das höchste. Da die Krankheiten und Naturen verschieden sind, so müssen auch die Heilmittel und Vorrichtungen zur Pflege verschieden sein. Ja die Anlagen und Ausbildung der Aerzte selbst sind verschieden, so dass der eine zu diesem Zweige, der andere zu jenem mehr Liebe und Geschick hat. Ist nun einem Jeden Gelegenheit zu reiflicher Beobachtung

in dem ihm besonders zusagenden Fache gegeben, so
wird darin seine Erfahrung und Kunstfertigkeit um so
rascher wachsen. In grossen Städten, wo auf einem be-
schränkten Raume dieselben Erkrankungen in Menge vorkommen, da bilden sich die ärztlichen Spezialitäten und
damit auch die Spezialheilanstalten zuerst naturgemäss
aus. Auch in Ländern mit kleineren Städten bricht sich
die Spezialisirung der Aerzte und Spitäler in neuerer Zeit
durch die ungemein verbesserten Verkehrsmittel immer
mehr Bahn. Wenn darin auch noch wenig Spezialheilanstalten bestehen, so sind doch die allgemeinen Krankenhäuser meist so abgetheilt, dass für die Hauptgruppen
zusammengehöriger Erkrankungen besondere Räumlichkeiten und Einrichtungen bestehen. An den Universitäts-
Spitälern ist die Trennung mindestens von drei Abtheilungen, entsprechend den einzelnen Kliniken, überall
durchgeführt. Diese Sonderung ist allerdings die geringst
mögliche und unentbehrlichste. Je mehr Frequenz eine
Universität an Kranken und Studenten gewinnt, desto
weiter greifen auch die Trennungen. So werden sehr
zweckmässig abgesondert die kranken Kinder, die Augen-
leidenden, die Hautkranken, die Syphilitischen und andere
Kranke.

Die Geisteskranken werden schon seit geraumer
Zeit allgemein in besondere Asyle verbracht. Dass man
für diese Unglücklichen eigenthümliche Einrichtungen,
Pflege und ärztliche Hülfeleistungen bedarf, leuchtet ein.
Die Heil- und Pflegeanstalten für Geisteskranke sind in
Deutschland meist Staatsanstalten und dadurch nehmen

sie eine bevorzugte Stellung ein. Während für die übrigen Kranken die Familie und Gemeinde gesetzlich zu sorgen hat, tritt hier der Staat als Wohlthäter in grossem Maasstabe auf. Die Nothwendigkeit der Staatshülfe lässt sich wohl nicht bestreiten, denn durch Privat-, Gemeinde- oder Kreisunternehmungen würde auf diesem Gebiet gewiss nur Unzulängliches geschaffen. Wenn aber auch die Anstalten für Geisteskranke vom Staat gebaut werden, so lässt es sich auf der andern Seite nicht rechtfertigen, dass deren Unterhaltung auch noch jährlich sehr grosse Staatszuschüsse erfordert, denn dann nimmt der Staat der Familie und Gemeinde die Krankenpflege ab, was nicht dem Geist des Gesetzes entspricht. Die Entschädigung für Verpflegung sollte so berechnet werden, dass die Anstalt sich dann möglichst selbst unterhält. Dient jedoch die Irrenanstalt zugleich Staatszwecken, z. B. dem akademischen Unterrichte, — und die Universitäten werden überall als Staatsanstalten angesehen, — so könnte dafür der Staat dann auch eine entsprechende Vergütung billiger Weise leisten. Ist aber eine Irrenanstalt abgelegen und unverwerthet zum akademischen Unterrichte, also bloss Wohlthätigkeitsanstalt, so wird dennoch Niemand den Staat tadeln, wenn er auch als solche sie unterstützt. Dann werden aber noch viele andern Wohlthätigkeitsanstalten, Krankenhäuser verschiedener Art, an den Staat herantreten und nicht nur um eine Dotation überhaupt, sondern sogar um eine der Wichtigkeit und Grösse ihrer Leistungen entsprechende Dotation bitten dürfen. Will der Staat gerecht sein, so muss er solche Unterstützungen verhältnissmässig austheilen, und in jedem Staatsbudget*) findet sich ja auch ein mehr oder minder beträchtlicher Titel für Unter-

---

*) Sowie es in unserm Lande Baden bewiesen ist, dass die eine zweckmässig eingerichtete Irrenanstalt zu Illenau an Grösse nicht genügt, die andere zu Pforzheim, welche mehr Pflegeanstalt ist, weder an Grösse noch an Güte genügt, sowie dieses bewiesen ist, sage ich, — was zu untersuchen mir nicht obliegt — und die Regierung fordert von den Ständen die Mittel zu einem Neubau, so würden sich die Stände eines Unrechts schuldig machen, wollten sie die Mittel verweigern, denn andere genügende Abhülfe als durch den Staat ist hier nicht denkbar. Die jährlichen Unterhaltungskosten sollten aber durch die Angehörigen der Patienten oder deren Heimatgemeinden gedeckt werden, was durch entsprechende Erhöhung der Verpflegungskosten geschehen würde. Diese würde dann auch die Anstalten vor einer rasch wieder eintretenden Ueberfüllung schützen. Niemand wird dem Staate zumuthen wollen, so viel Irrenhäuser zu bauen, dass alle Geisteskranken darin aufgenommen werden sollten. Während doch eine grosse Anzahl derselben vollkommen zweckmässig in der eigenen Familie verpflegt werden kann, wie die Mehrzahl der anderen Kranken auch, so sind die Anstalten zur Aufnahme solcher schweren Fälle bestimmt, deren Heilung und Pflege in der Familie nicht möglich ist, z. B. der Tobsüchtigen. Wenn ich auch weit entfernt bin, gegen den Neubau einer weiteren Heil- und Pflegeanstalt für Geisteskranke nur ein Wort zu reden, so muss ich auf's Entschiedenste mich gegen jeden Versuch aussprechen, der dieselbe von der Universität Heidelberg abrückt. Will man zwei Anstalten bauen, so baue man eine nach Freiburg, die andere nach Heidelberg. Baut man aber nur eine, so ist Heidelberg ihr Ort und kein anderer. Die Universität kann die Pforzheimer Anstalt nicht entbehren, denn diese liefert ihr gesetzlich die Leichen, welche etwa zwei Dritttheile der ihr überhaupt zu Gebot stehenden Leichen ausmachen. Wird die neue, Pforzheim ersetzende Anstalt nach Emmendingen oder sonst wohin verlegt, so vermehren sich nur die Schwierigkeiten des Leichentransportes. Werden diese Schwierigkeiten zu gross, so ist der medizinischen Fakultät in Heidelberg eine ihrer Lebensadern zerschnitten, denn nicht

stützungen von Wohlthätigkeitsanstalten verschiedener Art.

---

nur für die normale Anatomie, sondern auch für die pathologische, welche für den Mediziner ja von immer grösserer Bedeutung wird, würde die Pflegeanstalt von entscheidender Wichtigkeit sein. Was nützen die Celebritäten als Lehrer, wenn der Mangel an Material ihre Thätigkeit lähmt und ihre Liebe zum Unterrichte ertödtet? Ich begreife nicht, warum in den Schriften der medizinischen Fakultäten nicht besonderes Gewicht auf diesen Punkt gelegt wird, der viel schwerer in die Wagschale fällt als die psychiatrische Klinik, wie wohl ich diese durchaus nicht als unwichtig hinstellen will. In der neuesten Brochüre der beiden Direktoren unserer Irrenanstalten, wird dieses gesetzlichen Vertragsverhältnisses bezüglich der Leichenablieferung von Pforzheim nach Heidelberg mit keinem Worte erwähnt. Wenn auch die Ablieferung der zum Studium der normalen Anatomie bestimmten Leichen noch aus weiterer Ferne ausführbar wäre, so geht doch das pathologisch anatomische Material unbenutzt verloren. Man wird jetzt, was schon längst hätte geschehen sollen, einen Lehrer der pathologischen Anatomie nach Heidelberg berufen. Vielleicht wird man sich später auch einmal mit der Frage beschäftigen: wie beschafft man in der kleinen Stadt das nöthige Lehrmaterial für das pathologisch-anatomische Institut? — Was weiter für die Abrückung der neuen Irrenanstalt von der Universitätsstadt zu Gunsten der Isolirung gesagt wurde, hat mich nicht überzeugen können. Die Kranken, welche der Isolirung bedürfen, können bei Heidelberg ebensowohl vor dem Einfluss der Studenten (sofern dieser schädlich ist) geschützt werden, als bei Emmendingen. Die Vorzüglichkeit des »familialen« Systems der Behandlung ist an keine Oertlichkeit gebunden. Auch die Frage, wer Direktor der neuen Anstalt und wer Professor der Psychiatrie sein soll, dürfte keine schwierige sein. Es müssen ja doch eine Anzahl Aerzte in einer so grossen Anstalt beschäftigt sein, also ihre Funktionen getheilt werden. Der Boden ist bei Heidelberg vielleicht theurer als bei Emmendingen, doch kann diese einmalige Ausgabe nicht in Betracht kommen wegen des Nutzens, den die Anstalt der Universität, also dem Lande gewährt. Für die Kranken

Nebst den Geisteskranken sind wohl die **Blinden** die unglücklichsten Wesen auf der Erde. Viele
von denselben haben niemals die Wohlthat des Gesichts-
sinnes kennen gelernt, oder denselben so früh verloren,
dass sie davon keine Erinnerung mehr besitzen. Soll
man diese für weniger unglücklich halten als solche,
welchen das Schicksal · später das Augenlicht raubte?
Ganz gewiss nicht. Der Mensch, welchem bei seiner Erziehung der edelste Sinn fehlt, leidet in entsprechendem
Maase an seiner ganzen geistigen und körperlichen Entwicklung. Schon die Kinder, deren Augenlicht nicht ganz
erloschen, sondern nur erheblich geschwächt ist, laufen wie
halb blödsinnig umher. Ihr Gesicht starrt ausdruckslos
dem mitleidsvollen Beschauer entgegen. Mit den Fin-
gerspitzen bohren sie in die Augenhöhle hinein, vermuth-
lich um durch Druck den Sehnerven zur Lichtempfindung
anzuregen, da die Strahlen des Sonnenlichtes durch die
verdunkelten Augenhäute davon abgehalten werden. Wenn
die Erziehung des blindgeborenen Kindes nicht ganz besonders dem Uebel Rechnung tragend und systematisch
geleitet wird, so lernt es nicht den Gebrauch seiner
Hände, ja nicht einmal den seiner Füsse. Es kann nicht
auf einem Stuhl sitzen, sondern liegt und kriecht auf

---

selbst und die Anstaltsärzte ist die Nähe der Universtät aber gewiss
von grösstem Nutzen, nicht nur wegen der gemeinschaftlichen Be-
rathungen in zweifelhaften Fällen, sondern auch weil ein jeder
Mensch der äussern Anregung bedarf und diese ist an einem wissenschaftlichen Mittelpunkt viel lebhafter und fruchtbarer, als wenn die
Anstaltsärzte nur auf ihren eigenen gegenseitigen Verkehr be-
schränkt sind.

dem Boden herum, die Hände schlaff herunterhängend.
Nur unvollkommen lernt es die menschliche Sprache.
Seine Gedankenbildung und das Bedürfniss nach geistiger
Nahrung sind so gering, dass es keine Unzufriedenheit mit
seinem Schicksal, ja nicht einmal das Bewusstsein von
seinem elenden dem Thiere gleichen Zustande hegt. Bis
zu welchem Grade der Hülflosigkeit und Thierähnlichkeit
solche Geschöpfe heruntersinken können, wenn sich nicht
ein menschenfreundliches Herz ihrer annimmt, davon nur
ein Beispiel. In die Dresdener Blindenanstalt wurde ein
33jähriger blinder Mann gebracht, der in den ersten Wochen seines Lebens durch die Augenentzündung der Neugeborenen sein Gesicht verloren hatte. Seine Mutter, eine
ganz arme Frau, benutzte das unglückliche Kind zu ihrem
Gelderwerb: sie bettelte damit. Die Mildthätigkeit der Vorübergehenden erhielt 33 Jahre lang den blinden Sohn
und durch denselben die Mutter. Die Gemeinde fand
keinen Grund sich des armen Menschen anzunehmen,
denn er fiel ihr nicht zur Last. Als aber die Mutter
starb, überkam sie den blinden Sohn in einem kaum
denkbaren Zustande der Verwahrlosung. Er fand sein
Lager nicht allein, konnte sich nicht ankleiden, musste
auf jedem Schritte geführt werden und bedurfte zu den
niedrigsten Verrichtungen fremder Beihülfe. Die Gemeinde kam jetzt in grosse Verlegenheit, denn Keiner
wollte der Führer und Erhalter des Hülflosen sein. Man
brachte ihn in die Blindenerziehungsanstalt. Da machte
man einen Versuch mit ihm, aber die Zeit der Bildungs-
fähigkeit war für den Unglücklichen vorüber.   Trotz

vieler Mühe fand man es unmöglich ihn etwas zu lehren.
Mit einem Löffel zu essen brachte er nicht fertig, so oft
man es ihm zeigte. Er führte immer den Löffel zum
Ohre und die Hand zum Munde, denn nur diesen Weg
kannte er. Er wurde als bildungsunfähig seiner Gemeinde
zurückgegeben.

Die nicht blind Geborenen sind körperlich und geistig entwickelt und wenn auch ganz und gar abhängig von
der Liebe und dem Schutze ihrer Umgebung, so nehmen
sie doch Theil an dem geistigen Verkehr ihrer Mitmenschen. Nicht selten wissen sie sogar ihre Umgebung
ganz besonders zu fesseln und zu erheben durch stille
Ergebung in ihr Schicksal und edle Stimmung des Ge-
müthes, welches von dem irdischen Blendwerk nicht mehr
angezogen, sich vorzugsweise mit dem Höheren und Idealen
beschäftigt. Trotzdem, dass ihnen das weltliche Auge
mangelt, bleiben sie doch der Mittelpunkt des Familien-
kreises. Die Kinder erzählen von ihrem Berufe und den
Ereignissen des Tages und erhalten von der blinden
Mutter nützliche Lehren und hoffnungsreiche Worte des
Trostes, welche immer gute Wirkung hervorrufen, denn
sie entspringen einer Seele, die ein grosser Verlust geläutert und über die täglichen Schwankungen des irdischen Glückes erhaben gemacht hat. Die Enkel kommen
und erzählen von ihren kleinen Freuden, ihren Schulauf-
gaben, ihren Wünschen und Plänen für die Zukunft.
Die blinde Grossmutter zieht sie an sich heran, erzählt
ihnen von ihrer eigenen Jugend, beschreibt in dankbarer
Erinnerung die Tage ihres Glückes, redet mit zufriedener

Ergebung von der Krankheit, von dem Unglücksfalle, welcher ihr Auge zur Wahrnehmung des weltlichen Lichtes unfähig, dagegen ihre Seele für das himmlische um so empfänglicher gemacht habe. Dann unterweist sie die Kleinen in nützlichen Kenntnissen, lehrt sie denken, lehrt sie beten und legt so in dem kindlichen Gemüthe unerschütterlich fest den Grundstein der Religiosität. Wenn ich ein Maler wäre, ein solches Familienbild möchte ich darstellen in den reinsten Farben und den edelsten Zügen, deren die Kunst fähig ist. Aber gestehen wir es offen, das Leben bietet auch andere Bilder. Nur den erhebt und veredelt das Unglück, welcher vorher schon gut war, die rohe und gemeine Seele wird davon erstickt. Ich habe Leute gekannt, deren Leben von früher Jugend auf nur Mühe und Plage war, die durch den Schulzwang ihnen beigebrachte elementare Bildung ging bei der unausgesetzten rauhen Arbeit um das tägliche Brod bald wieder verloren. Ein Auge entzündet sich. Sie können darauf nicht achten, denn nur wenn sie arbeiten, haben sie Nahrung. Sie binden das kranke Aug zu und arbeiten weiter, bis auch das andere sich entzündet und seinen Dienst versagt. Jetzt hört die Arbeit freilich von selbst auf. Sie legen sich in's Bett oder werden von einem mitleidigen Nebenmenschen zum Arzt gebracht. Das erst erkrankte Auge ist unrettbar verloren, das zweite in der grössten Gefahr, der Patient muss sich einer Kur in der Heilanstalt unterwerfen, er sträubt sich dagegen, weil er die göttliche Gabe des Augenlichtes nicht achten gelernt hat. Ich selbst habe die Worte sagen gehört: Wenn ich

blind werde, so bekomme ich's besser, dann muss mich
die Gemeinde erhalten. Er wird blind, aber wie erhält
ihn die Gemeinde? Sie versteigert ihn an den Wenigst-
nehmenden. Von diesem bekommt er einen abgelegenen
Winkel zum Aufenthalt angewiesen, wird dürftig gekleidet,
schlecht genährt, ist der Kälte, dem Unrath und Unge-
ziefer Preis gegeben. Er wird den Blicken der Welt
entzogen. Jeder sucht sich den Anblick des Elenden zu
ersparen und wer ihn zufällig und flüchtig sieht, der denkt
nicht, dass dieser geistig Verkommene und körperlich mit
Schmutz Bedeckte sein Mitbruder sei, und fern bleibt ihm
der Gedanke, dass heute oder morgen eine Krankheit
oder ein Unfall auch das Licht seiner Augen auslöschen
und ihn mit ewiger Nacht umgeben könne. Auch dieses gäbe
ein Bild, aber kein Maler wird es wagen mögen ein solches
Elend darzustellen; dagegen sträubt sich unerbittlich die
Kunst.

Sie sagen: solche Beispiele des Jammers kommen
doch selten vor, sie sind nur vereinzelte Ausnahmen.
Freilich Sie sehen sie kaum einmal und hören nur selten
davon reden, aber dem Arzte, der so manche Schatten-
seite des menschlichen Daseins erblickt, ohne sie zu ent-
hüllen, dem begegnen sie nicht so selten in ihrer herz-
zerreissenden Gestalt. Wir brauchen nicht in die grossen
Städte zu gehen, auch nicht in die Hütten der armen
Landbewohner, deren steiniger Boden nicht so viel aus-
gibt als sie zur Erhaltung des Leibes bedürfen, wir dürfen
nur in die zwei- und dreistöckigen Wohnhäuser unserer im
Allgemeinen recht behaglichen süddeutschen Städte und

Städtchen treten, so werden wir auch da Elend und Armuth
finden und ganz von selbst zu dem Schluss kommen: Die
Noth ist die natürliche Grenze der Vermehrung des Pro-
letariats. Dem Hinsterben der Kinder geht aber ein Zustand des Siechthums voraus, in welchem die kümmerlich
genährten, mangelhaft gereinigten Nachkommen in unge-
sunder Atmosphäre mit mancherlei Krankheiten ringen
und unter diesen sind die Augenübel nicht die seltensten,
nicht die unschädlichsten. Mancher derartige Wurm, von
dessen Wiege Unglück und Elend nie weichen, verliert
durch fressende Geschwüre und Eiterungen ein oder beide
Augen und schleppt so sein Leben noch durch eine äus-
serst bedauernswerthe Reihe von Tagen hin, die meist allerdings nicht sehr zahlreich mehr sind, denn wenn es schon
schwer ist unter solchen Verhältnissen ein sehendes Kind
zu erhalten, so wird ein blindes noch leichter den vielfachen Erkrankungen erliegen, welchen das kindliche
Alter unterworfen ist. Aber eine Anzahl solcher ganz
oder halbblinder Kinder erhalten sich immerhin am Leben
als ein Gegenstand des allgemeinen tiefsten Mitleids.

Wie ist dem abzuhelfen? Manche sagen, man soll
das Heirathen erschweren, bis der Arbeiter im Stande
ist, eine Familie gut zu ernähren. Wohin das führt, das
wissen wir alle, wenn wir auch nicht die Tabellen der
statistischen Bureaus über das Verhältniss der ehelichen
zu den unehelichen Geburten studirt haben. Die meisten
Fälle von Erblindung kommen bei der sogenannten Augenentzündung der Neugeborenen vor. Diese durch Eiterung und Verschwärung das Auge zerstörende Entzündung

kommt bei wohlhabenden, auf Reinlichkeit und Sittlichkeit
haltenden Familien selten einmal vor, wohl aber bei armen
und am häufigsten in jenen Anstalten, in welchen die
Früchte verbotener Liebe das Licht der Welt erblicken,
um es leider gar häufig nur zu bald wieder zu verlieren.
Das unglücklich gewordene Mädchen, von ihrer Dienst-
herrschaft verjagt, von den Ihrigen gescholten und miss-
handelt, findet Zuflucht in jener Wohlthätigkeitsanstalt.
Bei der Entlassung aber nimmt ihr Kind den Keim der
Augenentzündung der Neugebornen mit. Vom Kummer
gebeugt und durch Entkräftung gelähmt achtet die Mutter das geringfügige Uebel nicht, welches nun zur Entwicklung kommt, sich auch wohl auf sie selbst und von ihr in
andere Familien überträgt, in welchen sich die Dame aus
Standesvorurtheil, oder vorgeschützter Körperschwäche,
oder Bequemlichkeit einer der heiligsten Pflichten, ihr Kind
selbst zu stillen, entzieht. Das Kind der armen Mutter
wird vernachlässigt, irgendwohin um billigen Preis zum
Auffüttern vergeben, denn die Mutter will leben und kann
als Amme mehr verdienen. Die Augenentzündung des
Kindes aber schreitet fort, die Lider schwellen an, dicker,
rahmähnlicher Eiter quillt aus ihrer Spalte und jetzt
flüchtet die Unglückliche zum Arzt. Die Augen sind aber
bereits in ihren wichtigsten Gebilden zerstört und zum
Sehen ewig unbrauchbar. Die Mutter, die sich selbst
kaum ernähren kann, denkt an das schauerliche Loos
ihres blinden Kindes. Wer kann es ihr verargen, wenn
ihr der Gedanke kömmt, ob es nicht besser wäre, der
liebe Gott nähme den armen Wurm zu sich! Und doch

ist von diesem Gedanken bis zum Verbrechen nur ein
Schritt.

Glauben Sie, ich rede von seltenen Dingen? Desshalb
vielleicht, weil Sie nichts davon hören? Weil die Gerichts-
zeitungen so selten davon berichten? Ich habe sie noch
jedes Jahr wiederholt gesehen. Es ist nicht meine Sache,
mir zu dem vielen Elend, was mich täglich umgibt, auch
noch die Widerwärtigkeiten einer peinlichen Gerichtsver-
handlung und Beweisführung aufzuladen. So denkt Jeder
und selbst die Behörde drückt in solchen Fällen aus
Menschlichkeit ein Auge zu.

In einer andern Reihe von Fällen aber nehmen diese
Ereignisse eine andere Wendung. Die arme Mutter hat
Liebe zu ihrem Kinde und unterlässt Nichts, was zu
seinem Aufkommen förderlich ist; auferzogen aber wird ein
blindes Geschöpf, so hülflos und elend, dass man sein
Leben kaum ein Geschenk Gottes nennen kann.

In Deutschland gibt es ungefähr 50,000 gänzlich
und unheilbar Erblindete und davon fallen über die
Hälfte auf die eine Erkrankung, die Augenentzündung der
Neugebornen. Also wo Zahlen sprechen, kann von Ueber-
treibung nicht mehr die Rede sein.

Wie wird nun von der sehenden Gesellschaft für
diese Blinden gesorgt? Durch die Blindeninstitute. Als
mustergültig sei es mir gestattet, die Einrichtung dieser
Anstalten wie sie im Königreich Sachsen besteht, kurz
anzuführen, die ich, ebenso wie das vorzügliche Asyle des
Aveugles in Lausanne, aus eigener Anschauung noch in
letzter Zeit kennen zu lernen Gelegenheit hatte.

Im Königreich Sachsen waren bei der letzten
Volkszählung 1678 gänzlich Erblindete, darunter 176
Kinder von 1 bis 14 Jahren. Es kommt also, wenn man
dieses Verhältniss, was nicht ungünstig ist, verallgemei-
nert, ein Blinder auf 1000 bis 1200 Sehende. Für die
Blinden ist nun in Sachsen durch 3 Anstalten, die sich
ergänzen, gesorgt und zwar, wie mir der vorzügliche
Direktor derselben, Dr. K. A. Georgi mittheilte, in
ausreichender und befriedigender Weise. In Hubertus-
burg besteht eine Blinden-Vorbereitungsanstalt
mit 30 Stellen. In dieselbe werden Kinder von 3
bis 8 Jahren und später aufgenommen. Man lehrt ihnen
darin nichts anders als den Gebrauch ihrer Glieder; denn
was das sehende Kind spielend durch das Beispiel Anderer,
welches es beständig vor Augen hat, lernt, muss dem
blinden mit vieler Ausdauer und künstlichen Methoden anerzogen werden. Es muss stehen, sitzen
und gehen lernen, seine Hände müssen im Fassen und
Festhalten, seine Finger im Fühlen und Tasten geübt
werden. Der Hörsinn muss ganz besonders berücksichtigt werden, damit der Blinde an den um ihn hörbar
werdenden Lauten und Geräuschen die entsprechenden
Dinge und Geschöpfe erkennt, damit er die menschliche
Sprache verstehen und selbst sprechen lernt. Sich an-
und auskleiden, sich reinhalten, mit Anstand essen und
trinken, alles dies muss dem blinden Kinde erst systematisch gelehrt werden. Dabei vermeidet man Anfangs
sorgfältig ihm mitzutheilen, dass ihm sein wichtigstes
Erziehungsmittel, der Gesichtssinn fehlt. Das blindge-

borene oder früh erblindete Kind weiss nichts von seinem
mangelhaften Zustande, es hält sich nicht für unglücklich,
und wenn das Glück nur auf dem Gefühl der Zufriedenheit
beruht, so dürfen wir es auch nicht für unglücklich halten,
sondern nur für unvollkommen und beschwerlich durch
seine Hülflosigkeit.   -

Diese Hülflosigkeit auf ein möglichst geringes Maass
zu beschränken, ist Zweck und Gegenstand der Blinden-
Erziehungsanstalten. Die sächsische in Dresden hat
90 bis 100 Stellen. In dieselben werden bildungsfähige
Blinde von 9 bis 14 Jahren an, zuweilen auch später, aufgenommen. Ein vollständiger Schulkursus darin dauert
etwa 8 Jahre. Der Unterricht erstreckt sich so ziemlich
über alle Gegenstände, welche auch unsere Elementar-
schulen lehren: Entwicklung der geistigen Fähigkeiten
durch Auswendiglernen, Denkübungen, Sprachübungen,
Rechnen, Musiciren, Singen u. dgl. Ganz besondere
Schwierigkeit machen diejenigen Beschäftigungen und
Künste, die wir ohne unsern Gesichtssinn kaum lernen zu
können für möglich halten; z. B. das Lesen und
Schreiben. Es ist in hohem Grade merkwürdig zu
sehen, wie der menschliche Geist auch über diese Schwierigkeiten gesiegt hat. Die Blinden lernen lesen und
schreiben mit derselben Richtigkeit der Aussprache und
Rechtschreibung wie die Sehenden. So wie wir die
Buchstaben durch· den Gesichtssinn an ihrer Gestalt erkennen, so müssen auch die Blinden dieselben
durch den Tastsinn herausbringen, vorausgesetzt, dass
die Gestalt der Buchstaben fühlbar, d. h. erhaben

oder vertieft sich darstellt. Man hat zu dem Ende die lateinische Lapidarschrift in dickes Papier eindrücken lassen, so dass sie auf der einen Seite vertieft, auf der andern erhaben hervortritt. Ueber diese letzteren fährt der Blinde mit den Fingern beider Hände hinweg und erräth auf diese Weise so rasch die einzelnen Buchstaben, dass er es, wenn auch nicht zu so schnellem Lesen wie die Sehenden, so doch zu einem langsameren, aber unabgesetzten Lesen bringt. Auf diese Weise hat man die Bibel und andere Bücher drucken lassen. Die Blinden lernen diese Schrift aber auch selbst schreiben. Sie besitzen dazu eine eigenthümliche Schreibtafel, welche aus einer gefurchten Zinkplatte besteht, über welche das Papier ausgespannt, und ein verschiebbares Lineal befestigt wird. In diesem Lineal sind viereckige Ausschnitte mit Einkerbungen an den Seitenflächen versehen. Diese Einkerbungen und die Winkel dienen dem Blinden als die Anhaltspunkte beim Schreiben. Man wählte die grossen lateinischen Buchstaben, weil dieselben die einfachsten und gleichmässigsten Formen haben. Mittels dieser von Herbold angegebenen Schreibmethode ist der Blinde im Stande, an seine Freunde und Geschäftsgenossen zu schreiben. Ihre Antwort muss er sich freilich vorlesen lassen. Mit einem andern Blinden kann er aber ohne einen Sehenden correspondiren. Aehnlich wie die Herbold'sche ist die in Frankreich, aber auch in Deutschland gebräuchliche Braille'sche Schrift für Blinde. Diese hat ein aus Punkten zusammengesetztes Alphabet, so z. B. dass ein einzelner Punkt ein i, zwei übereinanderstehende

Punkte ein a, zwei nebeneinanderstehende ein b, drei übereinanderstehende ein c bedeuten u. s. w. Auch dabei bedie-
nen sich die Blinden einer gefurchten Zinkplatte, auf der das
dicke Papier und darüber ein Lineal liegt, welches regelmässig nebeneinanderstehende rechteckige Ausschnitte besitzt,
deren senkrechte Seite etwas höher ist als die wagrechte.
Mittels eines Stifts werden die Punkte in das Papier ein-
gestochen. Ich sah in Dresden Schüler, die beide Schriften
kannten; sie lasen und schrieben dieselbe etwa mit gleicher
Geschwindigkeit. Auch in dieser Schrift hat man Bücher
für die Blinden gedruckt; so sah ich im Asyle des Aveugles in Lausanne, dass der vortreffliche Direktor Hirzel
damit beschäftigt war, die ganze Bibel auf diese Art drucken
zu lassen.

In ähnlicher Weise fertigt man auch Landkarten
an. Die Meere, Seen und Flüsse sind vertieft, die Berge
erhaben, die Städte durch halbkugelförmige Erhabenheiten,
verschieden in Grösse, angedeutet. Ich habe mich er-
staunt, wie rasch die Blinden nicht nur die Lage der
einzelnen Länder, Berge, Flüsse, sondern auch der Städte
mit den über die Karten gleitenden Fingern aufzufinden
im Stande waren, so dass ich nicht zweifle, dass sich die
Blinden von der Lage, dem Umfange und der Beschaffenheit der einzelnen Länder eine ebenso getreue Vorstellung
bilden können, als wir sie durch die Anschauung gewinnen.

In der Blinden-Erziehungsanstalt wird aber auch
jedem Blinden noch irgend ein Handwerk gelehrt, z. B.
Korbmachen, Strohflechten, Seiler-, Schuhmacherarbeit

u. dgl. Die Erzeugnisse der Blinden in den für sie ge-
eigneten Gewerben stehen denen der Sehenden nicht
nach.

Wenn nun auch auf diese Weise der Blinde in allen
Zweigen des menschlichen Wissens und Könnens soweit
unterrichtet ist, als es unsere Volksschule und die Lehr-
jahre eines Geschäftes dem Sehenden gestatten, was wird
dann aus dem Blinden bei seiner Entlassung aus der
Anstalt? Fällt er dann nicht dennoch der Gesellschaft
zur Last? Nein. Denn er ist ja im Erziehungsin-
stitut ernährungsfähig geworden. Er kann sich mit
Gebildeten unterhalten, lesen, schreiben und rechnen, er
hat ein Geschäft gelernt, kurzum er ist ein brauchbarer
Mensch geworden. Dass er abhängig ist von seinem
sehenden Mitmenschen, versteht sich von selbst, aber wer
von uns ist denn von andern unabhängig? Um nun diese
Abhängigkeit der Blinden nicht soweit kommen zu lassen,
dass sie an die Wohlthätigkeit ihrer Umgebung appeliren
müssen, ist durch die Bemühungen des höchst verdienst-
vollen Direktors Dr. Georgi ein Unterstützungsfond für
die aus der Anstalt entlassenen Blinden im Jahr 1840 gegründet worden, dessen Mittel und Wirksamkeit nach
und nach so angewachsen ist, dass er mit einem Capitalstock von fast 100,000 Thalern jetzt die Geschäftsver-
hältnisse von ungefähr 500 Blinden vermittelt und so zu
einer Versorgungsanstalt für Blinde geworden ist.
Diese Versorgung ist aber nicht so gemeint, dass
man die entlassenen Blinden jetzt durch Geldbeiträge erhält, nein, man will nur ihre Arbeits- und Ernährungsfähig-

keit erhalten. Aus diesem Fond bekommt ein jeder Blinde
bei seiner Entlassung aus der Erziehungsanstalt einen ge-
druckten Auszug aus der Bibel geschenkt, ferner die Herbold'sche und Braille'sche Schreibmaschine nebst dem nöthigen Material zur Correspondenz mit der Anstalt, ferner
die Handwerksgeräthschaften zur Ausübung des Gewerbes,
das er in der Anstalt gelernt hat. In seiner Heimath
richtet er sich dann ein Arbeitszimmer, eine Werkstatt,
ein, in welcher er sich nach einiger Anleitung überall
leicht zurecht findet. Er hält pünktliche Ordnung, weiss
seine Werkzeuge jederzeit sicher zu finden und arbeitet
in seinem Geschäft wie ein sehender Arbeiter. Die
Rohstoffe bekommt er meist von der Versorgungsanstalt,
aber gegen entsprechende Bezahlung, geschickt und ebenso
liefert er die fertigen Waaren an dieselbe ab, welche
den Absatz besorgt und ihm den Verkaufswerth zuschickt.
Auf diese Weise ist im Königreich Sachsen die Versorgungsanstalt der Vermittler, gewissermassen der Ge-
schäftsführer oder Unternehmer der Arbeiten von 500
selbständigen und ernährungsfähigen Blinden geworden.
Gewiss ein befriedigender Erfolg und ein nachahmungs-
würdiges Beispiel mühevoller Bestrebungen im Geiste
ächter Wohlthätigkeit, welcher durch seine Unterstützungen nicht die Arbeitsfähigkeit des Hülfsbedürftigen ertödtet, sondern erhält und steigert und somit den Unter-
stützten als ein schaffendes Mitglied der menschlichen
Gesellschaft wiedergibt. Auf diese Weise ist in gewiss
befriedigender Weise für die Blinden gesorgt: Die erste
Hülfe bei der körperlichen Entwicklung des blinden

Kindes leistet die Vorbereitungsschule, die eigentliche Erziehung zum spätern Berufsleben geschieht in der Blindenerziehungsanstalt und die Geschäftvermittlung wird von der Versorgungsanstalt der Entlassenen übernommen.

Wenn nun auch auf diese Weise für die Blinden in ausgezeichneter Weise gesorgt werden kann, so bleibt die Blindheit doch ein grosses Unglück und gerade diese Erziehungs- und Versorgungsanstalten der Blinden drängen uns die Frage auf:

Wie ist die Blindheit am besten zu verhüten?

Die Blindheit wird am besten verhütet, wenn sich alle praktischen Aerzte mit der Erkennung und Heilung der Augenkrankheiten, die zur Erblindung führen können, gehörig vertraut machen, und wenn ferner zur Heilung der schweren, namentlich operativen Fälle besondere Augenheilanstalten gegründet und Jedem leicht zugänglich gemacht werden. Den Aerzten muss auf Universität bessere Gelegenheit zum Studium der theoretischen und praktischen Augenheilkunde geboten werden, als dies früher der Fall war und an vielen Hochschulen jetzt noch ist. Die Augenheilkunde der Jetztzeit kann nicht mehr so nebenbei von dem Professor der Chirurgie betrieben und gelehrt werden, sondern muss einen Lehrstuhl für sich mit eigener klinischer Anstalt haben.

Schon seit langer Zeit hat sich die operative Augenheilkunde als Spezialität ausgebildet, was sie auch immer
bleiben wird; denn die grösseren Augenoperationen: Staaroperationen, künstliche Pupillenbildung und dgl., erfordern
so viel Geschicklichkeit und Erfahrung, um sie mit der
bei dem zarten, kleinen Organ nöthigen Sicherheit
bei Vermeidung oder Unschädlichmachung einer kaum
zählbaren Menge von übeln Zufällen auszuführen, wie sie
selbst bei sicherster Hand und bester Anlage zum Operiren nur durch grosse Uebung erworben werden können.
Diese Operationen kommen aber so selten in dem Wir-
kungsbezirk der einzelnen allgemeinen Aerzte vor, dass
keiner eine hinreichende Uebung erlangen könnte, wollte
jeder die in seinem Kreise vorkommenden dafür sich eig-
nenden Augenübel, z. B. graue Staare, selbst operiren.
In Baden käme dann beispielsweise auf jeden Arzt etwa
alle drei Jahre eine Staaroperation. Da diese aber auch
kein Operationsverfahren ist, welches man schablonen-
mässig auf jeden Staar anwenden darf, sondern wesentliche und voneinander sehr abweichende Verschiedenheiten
zeigt, je nach den einzelnen Arten des grauen Staars, deren
es wieder eine ganze Anzahl giebt, so hätte bei gleicher
Vertheilung ein jeder praktische Arzt eine jede Staaroperation in seinem Leben etwa einmal auszuführen, es würden
also alle ungeübte und unerfahrene Stümper bleiben.
Wenn man also nicht verlangen darf, dass ein jeder
Arzt ein gewandter, zuverlässiger Augenoperateur sei, so
muss man doch so viel von ihm verlangen, dass er die
Augenkrankheiten ebenso richtig erkennt und in den

häufiger vorkommenden ebenso zuverlässig die Behandlung leitet, als man dieses bei der Krankheit aller andern, meist unwichtigeren Körpertheile von ihm verlangt. Kommt aber dann einmal ein Fall vor, der nur durch eine schwierige Operation zu heilen ist, so opfere er diesen nicht seinem Ehrgeiz, auch diese Operation selbst gemacht zu haben. Selbst wenn sie von Erfolg gekrönt ist, so lässt sich bei der Wichtigkeit des Gegenstandes sein Unternehmen kaum rechtfertigen, denn es leuchtet Jedem ein, dass die Aussichten auf Erfolg in der ungeübten Hand geringer sind als in der geübten. Man wird darüber sogleich richtig urtheilen, wenn man sich selbst in die Lage des Kranken versetzt. Der Arzt auf dem Lande oder in der Stadt, der alle Krankheiten zu behandeln berufen ist, geht nicht, wenn er selbst am grauen Staar leidet, zu seinem nächsten Nachbar, dessen Thätigkeit sich auch auf sämmtliche Zweige der Medizin erstreckt, sondern er sucht Hülfe bei demjenigen, dessen Uebung und Geschicklichkeit im Ausführen von Staaroperationen bekannt sind. Mit ihren Patienten nehmen es freilich viele Aerzte nicht so genau. »Man muss seine Praxis zusammenhalten, sich durch Ueberweisen von Kranken an andere Aerzte keine Blösse geben«. Dieser Satz ist für das häufiger Vorkommende richtig. Eine Abweichung davon wäre ein Armuthszeugniss. In ungewöhnlichen Fällen aber kettet der Hausarzt die Familie nur um so fester an sich, wenn er zur Consultation oder Operation den gerade darin mehr bewanderten Spezialarzt zuzieht. In der eigenen Familie thut dies auch ein

jeder Arzt, so sehr er auch bei seinen andern Patienten
sich davor hütet. Ich lernte manchen Arzt kennen, der
ganz gefährliche Augenübel in fremden Familien auf eigene
Hand recht unzuverlässig behandelte, während er seine
eigenen Angehörigen mit den unbedeutendsten Leiden zum
Spezialisten führte. Je umfangreicher und tiefer aber die
Kenntnisse in der Augenheilkunde bei dem allgemeinen
praktizirenden Arzt werden, desto genauer wird er die
Grenze zu ziehen wissen, bis wohin der Patient zu Hause
von ihm mit Sicherheit behandelt werden kann, desto
besser wird er beurtheilen, welche Fälle, sei es wegen
Vornahme schwieriger Operationen, sei es wegen fehlen-
der sorgfältiger Verpflegung zu Hause, dem Spezialarzt
zuzuweisen sind. Je bewanderter und fester er sich in
der Augenheilkunde fühlt, desto weniger hat er zu fürchten sich dadurch in den Augen des Publikums eine Blösse
zu geben. In früheren Zeiten befanden sich die Aerzte
freilich mit Bezug auf die operativen Augenkranken
in einer unangenehmen Lage. Die nöthige Geübtheit
im Operiren konnte wegen der Seltenheit der Fälle
und andern Gründen nicht jeder sich erwerben, aber
diejenigen, welche sich Augenärzte und vorzugsweise
Augenoperateure nannten, waren grösstentheils einseitige
Empiriker, herumreisende Routiniers, die meist eine sehr
kümmerliche, oft gar keine medizinische Bildung besassen.
In solche Hände das Wohl und Wehe seiner Kranken zu
legen, dürfte der Arzt mit Fug und Recht aus Anstands-
und Pflichtgefühl Bedenken tragen. Der Zustand währte
auch nicht lange. Sobald die Medizin überhaupt sich

aus der überlieferten starren Empirie zur prüfenden und
forschenden Wissenschaft emporarbeitete, da nahm sie auch
den vernachlässigsten und verachteten Zweig, die Augenheilkunde, wieder in den allgemeinen Baum auf und theilte
ihn demjenigen Gebiete zu, an welches er am nächsten
grenzt, der Chirurgie. Daraus erwuchs eine Anzahl in
beiden Zweigen berühmter Männer: Scarpa, Roux,
Velpeau, Jüngken, Chelius, v. Walther u. v. A. Die
Augenheilkunde wurde auf den Hochschulen von demselben
Lehrer in derselben klinischen Anstalt vereinigt mit der
Chirurgie gelehrt und ausgeübt, so meistens, dass im
Wintersemester Chirurgie, im Sommer Augenheilkunde
gelesen wurde.

Man merkte aber bald, dass beide Fächer für die
Zeit und Kräfte Eines Mannes doch zu umfangreich wurden und so entstanden an den grössern Universitäten
schon vor mehr als 50 Jahren spezielle Augenkliniken.
In Deutschland wurde die erste im Jahr 1811 von dem
hochverdienten Professor Beer in Wien gegründet. Im
Jahre 1851 veröffentlichte Helmholtz, jetzt Professor
an unserer Universität Heidelberg, seine Epoche
machende Erfindung des Augenspiegels, welche, im
Verein mit vielen von ihm und Andern entdeckten neuen
Untersuchungsmethoden, die Augenheilkunde von Grund
aus neugestaltete und um mehr als das Dreifache ihres
früheren Inhaltes erweiterte. Von da an zweigte sich
die Augenheilkunde so vollständig von der Chirurgie ab,
dass wir in der entdeckungsreichen ophthalmologischen
Literatur seit jener Zeit kaum noch. den Namen eines

Forschers antreffen, der neben der Augenheilkunde auch
noch die Chirurgie vertritt.

Wenn auch wirklich die Ausbildung der einzelnen
Universitätslehrer in beiden Fächern eine genügende wäre,
was ich für eine beschränkte Anzahl derselben durchaus
nicht als unmöglich darstellen will, so genügt doch die
Zeit, welche Einem Manne zugemessen ist, nicht mehr
zum Unterrichte zweier so umfangreich gewordener Lehr-
gegenstände. Berechnet man einen harmonischen medizinischen Lehrplan (in welchem ein jeder zur allgemeinen
ärztlichen Ausbildung nöthige Lehrgegenstand entsprechend
seiner Wichtigkeit und Ausdehnung berücksichtigt wird)
auf das geringste Maass der Zeit, so muss man für
den theoretischen und praktischen Unterricht der Chirurgie 3 Semester, für den der Augenheilkunde 2 Semester
annehmen. Alsdann hat man auf den Unterricht der
einzelnen Theile der Augenheilkunde täglich 2 Stunden
zu verwenden (theoretisches systematisches Collegium der
Gesammtaugenheilkunde 6stündig, 1 Semester; Cursus der
physikalischen Diagnostik: Ophthalmoskopie, Prüfung der
Refraktions- und Motilitätsstörungen, 3stündig, 1 Semester; Augenoperationskursus, 2stündig, 1 Semester;
und Augenklinik, 6stündig, 2 Semester). Ein so geord-
neter, wöchentlich 12stündiger Jahreskursus scheint mir
hinreichend, aber auch unentbehrlich und unverkürzbar,
um dem studirenden Mediciner eine für seine praktische
Laufbahn genügende Kenntniss und Erfahrung im Untersuchen und Heilen der Augenkrankheiten zu verschaffen.
Zum Spezialisten wird er dadurch nicht, erlangt aber

dann eine mit den Anforderungen in den übrigen Zweigen der Gesammtheilkunde harmonirende Kenntniss der Ophthalmologie, ohne dass diese dabei unverhältnissmässig berücksichtigt sein dürfte.

Nimmt also der Unterricht für den Lehrer täglich 2 Stunden in Anspruch, so darf man auch für die Vorbereitung reichlich 1 Stunde annehmen; dazu kommt für die Leitung der stationären Klinik (täglich 25 bis 50 Kranke, welche untersucht, behandelt, operirt, verbunden und überwacht sein wollen) täglich 1 1/2 Stunden, für die Abhaltung der ambulatorischen Klinik täglich 1 1/2 Stunden, was mit einem mittleren Material nur bei Fleiss und guter Assistenz ausreicht, so hätte der Lehrer der Augenheilkunde eine tägliche, rein dienstliche Thätigkeit von mindestens 6 Stunden. Im Sommer aber, wo der Zudrang der Patienten grösser ist, reicht man damit nicht aus. Mehr als 6 Stunden angestrengte dienstliche Thätigkeit muthet man einem akademischen Lehrer gewiss nicht zu. Wenn man nun die obigen Zeitangaben sicherlich nicht für überschätzt halten kann, so möchte ich wissen, wie ein Universitätsprofessor zugleich Augenheilkunde und Chirurgie lehren, zugleich beiden Kliniken vorstehen soll? Für den Unterricht der Chirurgie nehme ich dieselbe tägliche Stundenzahl an, nur einen dreisemestrigen Cyklus, da das Lehr- und Lernmaterial der Chirurgie umfangreicher ist als das der Augenheilkunde, letzteres dürfte aber wieder beträchtlicher sein als das der Geburtskunde.

Wird so ein grosser Theil der Zeit des klinischen
Lehrers durch Berufsthätigkeit in Anspruch genommen,
so verlangt man auf der andern Seite von ihm noch viel
mehr als von dem praktischen Arzte, dass er sich auf
dem Laufenden seiner Wissenschaft erhalte. Dazu genügt
nicht, dass er sich den neuen Inhalt einer umfangreichen
Fachliteratur zum geistigen Eigenthum mache, sondern
er muss auch das Wesentliche der gesammten medizinischen
und zum Theil noch der naturwissenschaftlichen Veröffent-
lichungen überwältigen. Wer es zugiebt, dass derjenige,
der heutzutage in den Naturwissenschaften oder in der
Medizin Etwas zu leisten anstrebt, sich nicht als Auto-
didakt auf sein eigenes Prüfungstalent und seine eigene
Arbeitsfähigkeit beschränken darf, sondern sich auf die
Forschungen von hundert Andern stützen muss, der wird
gern zugeben, dass das Beherrschen der Fachliteratur
einen bedeutenden Posten im Ausgabenbudget unserer
Zeit ausmacht. Von dem akademischen Lehrer des heu-
tigen Tages verlangt man aber mehr: er soll nicht blos
auf dem Laufenden seiner Wissenschaft sein, er soll sie
auch als selbständiger Forscher fördern. Und dies verlangt man nicht ohne guten Grund; denn wo die selbständige Forschung fehlt, da wird der Unterricht selten
ein recht frischer sein. Die individuell eigenthümliche
Verarbeitung des gerade vorliegenden wissenschaftlichen
Problems (und im klinischen Unterricht ist ein jeder
Krankheitsfall ein theoretisch und praktisch zu lösendes
Problem), die Anwendung möglichst exakter Methoden,
vor allem aber das Wachrufen neuer Ideen dabei, das ist

es, was den Studirenden zum selbständig denkenden Menschen und zum prüfenden Fachgenossen erzieht und was ihn fesselt. Wer aber ein eigenes oder fremdes Compendium, das nichts als allgemein Bekanntes enthält, in noch so glatter Form mit den Studenten durchnimmt und diesem Bekannten auch nichts Neues aus seinem eigenen Kopfe hinzuzufügen weiss, der darf sich nicht wundern, wenn der Kreis seiner Zuhörer immer enger wird, oder er nur durch künstliche Mittel: obligatorische Zeugnisse, Examina u. dgl., sich Zuhörer erhält. Die eigenen neuen Ideen sind es, die den Geist der Studenten, wie den der Wissenschaft im Allgemeinen, befruchten, und wo diese bei einem Lehrer vorhanden sind, da werden Mängel und Rauhigkeiten der Stimme und des Vortrags bald überhört und gern mit in den Kauf genommen. So sehr ich aber auch der selbständigen Forschung und Geltendmachung der persönlichen Anschauung das Wort rede, so sehr möchte ich mich verwahren gegen ein Haschen nach Originalität. Der sicher eroberte Boden der Wissenschaft soll überall die Grundlage sein, aber auf demselben errichte jeder seine spezielle Forschung in dem Baustyle, in welchem er sich am stärksten fühlt. Noch eine Frage! Soll der klinische Lehrer Privatpraxis haben? Das Publikum verlangt es, aber die Regierung sieht es nicht gern. Antwort: Der klinische Lehrer soll Privatpraxis nicht als Beruf oder Erwerbsquelle, wie ein practicirender Arzt, ausüben, aber es ist auch nicht gut, wenn er sie ganz ablehnt. Consultationen mit seinen Collegen, ebenso Privatconsultationen in seinem Hause oder

im klinischen Lokale kann er zu bestimmten mit dem
Unterrichte nicht collidirenden Stunden nicht abweisen,
weil er dadurch im medizinischen Verkehr bleibt mit dem
Publikum der Gegend, die seine Klinik speist und dessen Urtheil für den Besuch derselben zum grossen Theil
bestimmend ist. Ich kenne klinische Lehrer, welche aus
Liebe zur Wissenschaft die ärztliche Praxis ganz von sich
abgewälzt haben. Die Folge davon war, dass sie, so
gross auch ihr Ansehen in der Gelehrtenwelt sich erhielt,
dem Laien-Publikum entfremdet wurden, was der Frequenz
und Wirksamkeit ihres klinischen Instituts Nachtheil
brachte. So lange also die Wirksamkeit einer Klinik
nicht bloss abhängig ist von ihren Vorrechten und vorzüglichen Einrichtungen, sondern auch von dem Rufe des
sie dirigirenden Arztes, ist dieser nicht so sehr aus persönlichen als aus Rücksichten für das ihm anvertraute
Institut verpflichtet, sich beim Publikum einen guten
Namen zu schaffen und zu erhalten. Alles dies erfordert
Zeit und Arbeit. Es gibt demnach Gründe genug, um
einem akademischen Lehrer nicht zwei umfangreiche Fächer
aufzubürden.

Sehen wir jetzt aber einmal ab von dem klinischen
Unterricht, lassen wir die Aerzte im Lande ausgerüstet
sein mit dem Maass augenärztlicher Kenntnisse und Erfahrungen, das man von ihnen zu verlangen berechtigt ist,
so wird für einen grossen Theil der Augenkranken und
gerade für die schlimmsten unter Ihnen, doch nicht genügend gesorgt sein. Dem Hausarzte fehlt die Uebung
im Vollziehen von Augenoperationen, dem Patienten, be-

sonders dem armen, fehlt die nöthige Pflege. Was also
Noth thut, ist für solche Fälle eine spezielle Augenheilanstalt, in welcher der Bau, die Einrichtungen,
die Pflege und die ärztliche Wirksamkeit ganz besonders auf die Heilung von Augenkranken gerichtet sind. Nicht ein jedes geringfügige Augenleiden soll
darin Aufnahme finden, wohl aber sollen die schweren
und operativen Augenkrankheiten, die anderwärts nur zu
leicht zur Blindheit führen, in der Anstalt mit Bezug
auf Pflege und ärztliche Hülfeleistung in die günstigsten
Bedingungen für ihre Heilung versetzt werden. Dieses
Bedürfniss wurde nun ganz besonders lebhaft gefühlt, als
nach der Erfindung des Augenspiegels die Augenheilkunde
einen neuen, ungeahnten Aufschwung nahm. Die begei-
sternde Lehrthätigkeit und der glänzende Erfolg des
Professors von Gräfe in Berlin, des hervorragendsten
Vertreters der neuern Augenheilkunde, sowie die Wirksamkeit mancher anderen grossen Forscher, regte eine grosse
Anzahl junger Aerzte an, diesen früher stiefmütterlich behandelten Zweig der Medizin besonders zu pflegen. Dadurch entstanden neben den öffentlichen Augenkliniken in
den grossen Städten eine ganze Anzahl Augenheilanstalten
in fast allen mittleren und selbst manchen kleineren
Städten Deutschlands, welche auch in den ersten Jahren
ihres Bestehens sich rasch einer mehr oder minder aus-
gedehnten Wirksamkeit erfreuten. Die fortgeschrittene
Erkenntniss hatte auch die guten Erfolge der Behandlung
mächtig gefördert. Viele glücklich geheilte Blinde, welche
theils durch die frühere Unfähigkeit der ärztlichen

Kunst, theils den Mangel von zweckmässig eingerichteten
und ihnen zugänglichen Heilanstalten Jahre lang des Au-
genlichts entbehrt hatten, erlangten dies wieder. In manchen Gegenden, die weniger in den grossen Verkehr her-
eingezogen waren, lebte — und lebt jetzt noch — eine grosse
Anzahl halb und ganz blinder Leute, welche durch die
Fortschritte der ärtztlichen Kunst wieder sehend werden
konnten. Die Heilung eines Blinden ist aber für Jedermann ein so merkwürdiges und wichtiges Ereigniss, welches sich in so weiten Kreisen herumspricht, dass das
Publikum rasch lebhaften Antheil an den neuen Augenheilanstalten nahm. Sie kamen in die Mode, gerade
wie bei den jungen Medizinern das Studium der Augenheilkunde in die Mode gekommen war. Daher dürfen
wir nicht ausser Acht lassen, dass das, was durch die
Mode übertrieben worden ist, auch die Vergänglich-
keit der Mode theilen wird. Man stosse sich nicht an
das Wort Mode, ich meine es vollkommen ernst damit,
denn nicht nur das Leben, sondern auch die Wissenschaft hat ihre Moden. Zu einer gewissen Zeit, in
einem gewissen Land, oder selbst Continent, wird nur
ein bestimmter Zweig einer Wissenschaft mit Vorliebe be-
baut, die übrigen ruhen. Dann erschöpft sich in jenem
das verfügbare Material oder die Arbeitslust, er wird
wieder verlassen, einerlei ob er hinreichend ausgebaut
wurde oder nicht. Der Geist der Zeit, die Mode, wenn
Sie wollen, wendet sich mit Vorliebe anderen Dingen zu,
um sie auch wieder zu verlassen. Bei der Wissenschaft
und Kultur herrscht aber das Gute, dass das, was durch

den von der Mode angespornten Forschergeist einer Zeit als
Wahrheit dem Schatz der menschlichen Erkenntniss er-
obert wurde, nicht wieder verloren geht, sondern als neue
gute Errungenschaft dem früheren Capitalstock einver-
leibt und sicher und produktiv angelegt wird. Die
grossen Apparate und die ausserordentlichen Kraftan-
strengungen, welche bei der Erorberung des neuen Ge-
bietes verwandt wurden, verringern sich, aber mit kleineren Maschinen wird der Ausbau desselben ebenso er-
giebig und um so sicherer fortgesetzt.

An der Augenheilkunde können wir diese Verhältnisse in der jüngsten Vergangenheit getreu verfolgen.
Die länger bestehenden und an naturgemässen Orten
(grossen Städten, belebten Universitäten) befindlichen sind
auf ein seit Jahren gleichbleibendes Material gebracht,
während wir von den ungünstiger, in kleineren Städten
gelegenen Privatanstalten schon eine Anzahl merklich
sinken sehen und wenn auch das Schild noch denselben
Titel führt, so macht doch das Haus nebenbei oder vorzugsweise andere Geschäfte: dient als Maison de santé allen
möglichen Kranken oder vermiethet als Hôtel garni seine
Räumlichkeiten an reiche Russen.

Dass dies in Deutschland als natürliche Folge einer
Ueberspekulation so kommen musste, leuchtet ein, wenn
man bedenkt, dass die Zahl der Augenheilanstalten und
Kliniken im letzten Jahrzehend so gewachsen ist, dass sie
die der chirurgischen Krankenhäuser und Kliniken bedeutend
übertrifft. Niemand wird aber behaupten wollen, dass es
mehr Augenkranke als chirurgische Kranke gibt, dass also

für Augenheilanstalten ein grösseres Bedürfniss vorliegt, als
für chirurgische Anstalten. Diese letzteren haben aber
die Periode der aufkommenden Mode längst hinter sich,
sie haben die Prüfung der Zeit bestanden und sich lebens-
fähig erwiesen. Sie können daher auch als natürlichster
Maasstab dienen zur Beurtheilung, wie weit die Lebens-
fähigkeit und das Bedürfniss der Augenheilanstalten
reichen wird.

Wenn für ein Land oder eine Gegend es demnach
auch fraglich sein kann, wie viele und wie grosse Augenheilanstalten sind nöthig, so ist die Frage doch soweit
zweifellos entschieden, dass in jedem Lande, in jeder
Provinz eines grösseren Landes, eine spezielle Heilanstalt
für Augenkranke bestehen muss, welche dem entferntesten
Winkel des Landes, der Provinz zugängig ist, denn die
Humanität erfordert es, dass nicht nur den armen Augenkranken der Hauptstadt, sondern auch der entfernten
Landbezirke die Möglichkeit gegeben sei, ihr Augenlicht
zu erhalten oder wiederzuerlangen. Man wirft dagegen
ein: »die Trennung geht zu weit; man kann nicht für die
Erkrankungen eines jeden Körpergliedes spezielle Spitäler
bauen; die allgemeinen Krankenhäuser, welche auch
früher die Augenkranken aufnahmen, können dies auch
ferner thun. Ehe der Augenspiegel erfunden war, ehe
man besondere Augenkliniken hatte, sind die Augenkranken auch geheilt, sind auch Staare operirt worden u. dgl.«
Daran ist nicht der leiseste Zweifel. Staare sind schon
im grauen Alterthum operirt worden; aber wie? Diese
conservativen Herren, wenn sie selbst am grauen Staar

erblindet wären, würden schwerlich zu dem alten Hospital-
und Instrumentalapparate ihre Zuflucht nehmen, selbst
wenn er in den Händen eines Hippokrates läge. Ich wenigstens würde mich lieber von Gräfe, von Arlt oder
Bowman operiren lassen und würde ein eigenes, wenn
auch noch so bescheidenes Zimmer in einer Augenklinik
einem grossen Hospitalsaale vorziehen, den ich mit Typhuskranken, mit eiternden Amputirten, mit jauchigen
Saft absondernden Krebskranken theilen müsste. Ich
mache keine Voraussetzungen, ich rede von Dingen, die
ich gesehen habe, die heute noch in Frankreich häufig,
und auch hie und da in Deutschland vorkommen. Ich
habe noch in der letzten Zeit Staaroperirte mit Amputirten, Krebskranken und andern chirurgischen Patienten
in demselben Saal liegen sehen, der sich gar nicht durch
Ruhe auszeichnete, von guter Ventilation und Verdunkelung abgesehen, und die Typhuskranken waren, wenn
auch nicht in demselben Saale, so doch nicht fern in
demselben Gebäude. Ich scheue mich nicht, es laut aus-
zusprechen, so sehr es auch manchem einflussreichen
Professor, der in Amt und Würden sitzt, verletzen
mag: solche Spitäler sind keine Wohlthätigkeits-, keine
Humanitätsanstalten mehr, solche Zustände sind ein
Skandal und der Arzt, welcher einen Staaroperirten in ein
Zimmer mit Amputirten und Krebskranken zusammenlegt,
ist ein gewissenloser Arzt und begeht einen unverzeihlichen
Frevel, an dem Lebensglück seines Mitmenschen, denn er
setzt das theuerste Gut desselben, das Augenlicht, dessen
Rettung der Arme vertrauensvoll in seine Hand gelegt

hat, der allergrössten Gefahr von Seiten seiner Umgebung
aus. Da dergleichen Dinge immer noch vorkommen,
vorkommen an deutschen Universitäten, so ist es
Pflicht aller Sachkundigen, denen am Wohl ihrer Mitmen-,
schen mehr gelegen ist, als an der Gunst einflussreicher
Persönlichkeiten, dass sie, ein Jeder in seinem Kreise,
ihre Stimme laut erheben und die einflussreicheren Vor-
gesetzten jener einflussreichen Stelleninhaber fragen: Wie
lange endlich sollen solche Zustände bei uns noch fortbe-
stehen? So viel böses Blut diese Worte auch setzen, ich
möchte denjenigen Professor kennen lernen, welcher es
wagt, seinen Namen mit der Vertheidigung jener Spitals-
einrichtungen, die Augenoperirten mit den chirurgischen
Kranken zusammenzulegen, zu brandmarken, welcher nicht
ganz demüthig zu seiner Entschuldigung vorbrächte: ich
habe solche Einrichtungen nicht geschaffen, ich habe sie
überkommen und wiewohl ich immer eine Aenderung
befürwortet, so habe ich es doch nicht durchsetzen können.

Diese Frage führt mich zu der Einrichtung der
Spitäler überhaupt und zu der der Augenkliniker
in's Besondere.

In Frankreich und England liebt man mehr das soge-
nannte Pavillon-System, d. h. grosse Säle mit zwei oder
selbst drei Reihen Betten und mit Fenstern an allen Seiten.
Diese Säle ziehen sich entweder durch die ganze Länge
des Gebäudes, oder sind in der Mitte durch das Treppen-
haus unterbrochen. Als ein Muster des Pavillon-Styl
kann das ungemein kostspielig gebaute Hôpital Laribo-
sière gelten. Dieses besteht aus einer Anzahl von einande

getrennter Häuser, welche an eine Säulenhalle anstossen,
die einen Hofraum hufeisenförmig einschliesst. An
der Krümmung des Hufeisens steht die Kirche. Die
Wartung wird durch die grossen Säle allerdings bedeutend erleichtert; die Lüftung und Heizung sind aber
nur durch künstliche Systeme zu bewerkstelligen, welche
bis jetzt alle noch Manches zu wünschen übrig lassen.
In Deutschland zieht man jetzt meist kleinere Krankenzimmer, das sog. Zellensystem, vor. Als gute
Muster dazu dienen das Diakonissenhaus Bethanien
(300 Betten) und das Krankenhaus der israelitischen
Gemeinde (70 Betten) zu Berlin. Das letztere ist ein
Langbau. An seiner Nordseite befindet sich ein brei-
ter Corridor mit mehreren vorspringenden Risaliten,
die zur Aufnahme des Verwaltungs- und ärztlichen Personals, sowie der Reinigungsapparate und Latrinen
dienen. An der Südseite liegen sämmtliche (4) Krankenzimmer, so dass je ein schmales Wärterzimmer, von
2 anstossenden Krankenzimmern (mit je 8 bis 10 Betten)
begrenzt wird. Zwischen den beiden mittleren Krankenzimmern befindet sich der Operationssaal. An den Enden
des Gebäudes sind noch einige Privatzimmer für einzelne
Kranke angebracht. Jedes Wärterzimmer enthält 2
Betten für 2 Wärter (oder Wärterinnen), nebst Theeküche,
Leinwandschränken, Wasch- und Reinigungsapparaten.
Diese Einrichtung erweist sich nicht nur als sehr bequem, sondern auch als sehr zweckmässig in Bezug auf
gute Ventilation und Heizung. Das Diakonissenhaus
Bethanien ist ein grosser Hufeisenbau, aber ganz ähnlich

4

eingerichtet. Das Charitekrankenhaus zu Berlin (jetzt
1500 Krankenbetten) hat lange, zu einer Seite des Cor-
ridors gelegene Säle. Die neuern Spitäler besitzen alle
noch eine Anzahl Einrichtungen, welche sie dem Aufschwung der neueren Industrie verdanken. Ein Maschinen-
haus setzt eine Dampfmaschine in Bewegung, welche durch
ein Röhrensytem warmes und kaltes Wasser in alle
Stockwerke und alle Zimmer des Krankenhauses empor-
treibt, welche ferner, wenn nicht die ganze, so doch viel-
fach einen Theil der Heizung der Zimmer vermittelt,
ebenso die Lüftung begünstigt, ferner beim Kochen, Waschen und Trocknen die wesentlichsten Dienste leistet,
auch manche mechanische Arbeit verrichtet, z. B. das
Holz sägt, das Essen aus der Küche in die oberen Stockwerke hebt und dergleichen mehr.

Fragen wir speziell nach der zweckmässigsten Bau-
art der Augenkliniken, so ist das System der grossen
Säle auf's Entschiedenste zu verwerfen. Zimmer mit
6 bis 10 Betten können der Bequemlichkeit der Wartung
wegen für entzündliche Kranke gestattet sein. Daneben
hat man aber einen grossen Bedarf von Zimmern mit
1, 2 und 3 Betten für die operirten Kranken. Diese
sind aber an Zahl den übrigen mindestens gleich. In
den ersten Stunden und Tagen nach einer Augenopera-
tion muss der Patient so ruhig und ungestört als möglich
sein. Nehmen wir die Staaroperation oder Pupillenbildung, so hängt der ganze Erfolg davon ab, dass die
gesetzte Schnittwunde glatt und ohne Entzündung und
Eiterung heile. Tritt letztere ein, so geht das Auge

unrettbar zu Grunde, während die Wunden an anderen
Körpertheilen meist noch ganz gut, nur nicht so schnell
heilen, wenn Eiterung eintritt. Die erste Bedingung, eine
Wunde ohne Eiterung zur Heilung zu bringen, ist, dieselbe in vollkommenster Ruhe zu erhalten. Die Wund-
ränder, welche durch schärfste Instrumente erzeugte
glatte Flächen darstellen, müssen genau aneinander liegen.
Wird diese innige Berührung fest erhalten, so verkleben
die Wundflächen bald mit einander, welche Verklebung
mit jedem Tage zu einer festeren Verwachsung wird.
Dies ist die Wundheilung ohne Eiterung, die kaum
eine sichtbare Narbe hinterlässt. Wird aber die Wunde
durch Unruhe irgend welcher Art gestört, so wird die
zarte Verklebung verhindert, oder wieder gelöst
und dieses Auseinanderzerren der Wundflächen braucht
nur öfters zu geschehen, so ist die Eiterung da. Ergreift
diese aber einmal einen Wundlappen am Auge, so be-
schränkt sie sich höchst selten darauf, sondern reisst
rasch das ganze zarte Organ mit in den Eiterbildungs-
prozess hinein, welcher gleich bedeutend mit seiner Zer-
störung ist. Desshalb muss man die Augenoperirten am
ersten und zweiten Tage so streng ruhig halten. Sie
müssen so unbeweglich als möglich liegen, dürfen nur so
viel mit ihrer Wärterin reden, als zur Befriedigung ihrer
Bedürfnisse nöthig ist, müssen nur flüssige, wiewohl nahr-
hafte Kost zu sich nehmen, um durch die Kaubewegungen
das Auge nicht mitzubewegen, selbst sich erzählen oder
vorlesen zu lassen ist nicht rathsam, weil dabei der Geist
zu thätig ist und das Auge sich unter dem Verband un-

willkürlich bewegt. Sehr heilsam ist es, wenn die Augenkranken am ersten Tage nach der Operation so viel als
möglich schlafen. Da also die rasche und einfache
Wundheilung ohne Eiterbildung bei den Augenoperationen
die unerlässliche Bedingung des Erfolges ist, so leuchtet
ein, warum die kleinen Zimmer für sie den Vorzug verdienen. Am besten ist's, wenn jeder Staaroperirte sein
eigenes Zimmer während den ersten Tagen hat und von
Niemand gestört wird. Zwei gleichzeitig Operirte, die das
Verbot gegenseitiger Unterredung nicht übertreten, können
auch noch in ein Zimmer zusammengelegt werden. Wird
aber die Zahl grösser, so wachsen damit auch die Gefahren, denn einer muss durch seine unvermeidlichen Bedürfnisse den andern mehr oder minder stören.

Ebenso wie die Ruhestörung, müssen aber auch
alle andern Ursachen der Eitererzeugung nach Augenoperationen auf's Sorgfältigste ferngehalten werden. Desshalb kann man nicht streng genug die frevelhafte Unsitte
verdammen, die Augenoperirten mit schlecht eiternden
Verwundeten zusammenzubringen, da die schlechte
Eiterung nur zu leicht die best ausgeführte und
günstigste Operationswunde ansteckt. In den allgemeinen
Krankenhäusern, wo die Chirurgie und Augenheilkunde
noch in derselben Hand liegen, müssen wenigstens die
Abtheilungen der Augenoperirten von den chirurgischen
Kranken streng gesondert und für die Staaroperirten
kleinere Zimmer gewählt werden. Dies ist gewiss das
geringste Maas der Humanität, welches man fordern kann,
und wo die Lokalitäten es nicht ermöglichen, da möchte

ich diejenige Regierung sehen, welche auf die ernsten Vor-
stellungen des dirigirenden Arztes nicht Abhülfe schaffte.
Jene Sonderung der Augenoperirten ist in Kliniken freilich
nur ein Nothbehelf, der die vollständige Trennung der Au-
genabtheilung von der chirurgischen nicht verzögern darf.
Diese Trennung wird nur dann den Forderungen der Humanität und dem Heilzwecke entsprechend sein, wenn für beide
Abtheilungen entweder eigene Gebäude, oder wenigstens
verschiedene Flügel desselben Gebäudes bestimmt werden,
so dass schädliche Luft oder Ansteckungsstoffe irgend
welcher Art sich von keiner Abtheilung auf die andere
übertragen. Die chirurgischen und medizinischen Abtheilungen haben freilich die Nähe der augenärztlichen nicht
zu fürchten, denn von dieser geht die Ansteckung kaum
jemals aus, wohl aber umgekehrt. Der körperlich gesunde Augenleidende kann am Hospitalfieber nicht nur
sein Auge verlieren, das unter günstigeren äusseren Bedingungen geheilt wäre, sondern selbst ganz zu Grunde
gehen. Ein Beispiel mag genügen: ich kenne eine Universitätsstadt in Norddeutschland von 46,000 Einwohnern, von
der mir der Assistenzarzt der combinirten chirurgischen
und Augenkranken-Klinik mittheilte, dass in derselben
vor nicht langer Zeit sämmtliche Staarextraktionen an
Vereiterung zu Grunde gegangen seien, während in derselben Stadt diese Operationsweise in einer speziellen
Augenklinik jetzt mit so viel Glück geübt wird, dass die
Vereiterungen nur ausnahmsweise vorkommen. Aehnliche
Erfahrungen haben die Direktoren sämmtlicher chirurgisch-
ophthalmologischen Kliniken gemacht, so dass die meisten

die vollkommenere Staaroperationsmethode gegen eine
unvollkommenere vertauschen mussten. Wird man Ange-
sichts solcher Thatsachen, abgesehen von allen Erforder-
nissen der Wissenschaft und des Unterrichts, die Trennung der Augenkrankenabtheilung von der chirurgischen
noch länger für unnöthig erklären wollen?
Verfolgen wir weiter die Besonderheiten der Einrichtung der Augenkliniken, so finden wir, dass nicht nur
die wichtigeren Operirten Separatzimmer haben müssen,
sondern auch eine Anzahl contagiöser Augenkrankheiten, die
ägyptische, die blennorrhoische und die diphtheritische Augenentzündung. Diese in hohem Grade verderblichen Augenkrankheiten, bedürfen einer ganz besonderen Berücksich-
tigung, denn sie sind in ihren entwickelteren, gefährlicheren
Stadien so ansteckend, dass sie sich epidemisch über ganze
Anstalten, Städte und Gegenden verbreiten können. Wer
weiss nicht, welches Unglück die ägyptische Augenkrankheit in manchen Armeen angerichtet hat? Dass die blennorrhoische Entzündung besonders den Neugebornen ver-
derblich ist, habe ich schon früher hervorgehoben. Noch
viel gefährlicher ist aber die diphtheritische Entzündung,
welche auch schon in kleinen Epidemien beobachtet
worden ist und vereinzelt bei uns immer vor-
kommt. Da diese Augenkrankheiten aber nur durch un-
mittelbare Uebertragung der ansteckenden Absonderung
der Augenschleimhaut von einem Menschen auf den andern übergehen, so begreift sich, dass sie bei gehöriger
Absonderung ihrer Aufenthalts- und Schlafzimmer eine
Anstalt nicht unsicher zu machen vermögen. Ausserdem

lässt sich durch ätzende Behandlung und häufiges Waschen der ansteckende Eiter so gründlich beseitigen, dass nicht einmal das andere Auge desselben Kranken ergriffen zu werden braucht, geschweige denn ein zweiter Kranker, der nicht einmal dasselbe Zimmer mit jenem theilt. Daraus folgt die Nothwendigkeit, dass ein jeder Augenkranke seinen besondern Waschtisch, Waschschüssel, Waschkrug, Schwamm und Handtuch habe, und derjenige,˙ welcher ein gesundes und ein krankes Auge hat, dessen Leiden sich auf das gesunde zu übertragen fähig ist, muss all diese Apparate doppelt haben. Ueberhaupt sehen wir, dass die Einrichtungen für Augenkranke sich in der Art mehr von den allgemeinen Spitaleinrichtungen entfernen, dass sie sich mehr derjenigen der Privatwohnungen oder der Gasthäuser nähern. Neben einer Anzahl Krankensäle von 4 bis 10 Betten braucht man noch eine grössere Anzahl kleinerer Zimmer, die sich heizen, lüften und reinigen lassen wie Privatwohnzimmer. Für jeden Patienten ist ein eigener Waschapparat, ein Nachttisch, einfache Vorrichtung zum Aufbewahren der Effekten, und ein gutes Bett erforderlich, an dessen Seite ein Schellenzug angebracht ist, vermittelst dessen der Kranke ohne sich aufzurichten oder anzustrengen der Wärterin schellen kann. Ein gutes Bett darf nicht vermisst werden, denn man kann keinem Menschen, er sei arm oder reich, zumuthen, tagelang in einem schlechten Bette ruhig zu liegen, was nach manchen Augenoperationen unerlässlich ist. In den meisten allgemeinen Krankenhäusern sind die

Betten nicht besonders ausgestattet, einmal weil gute
Betten kostspielig sind und ferner, weil sie von vielen
Kranken durch unvermeidliche Beschmutzung zu rasch
verdorben werden. Das letztere fillt bei den Augenkranken hinweg, denn diese sind ja körperlich gesund
und nicht mit Typhus- und ähnlichen Kranken auf gleichen Rang zu stellen. Indessen brauchen nicht alle
Augenkranken gleich vorzügliche Betten: für die milderen
äusseren Entzündungen und für die Genesenden genügen einfachere Betten, während man an den Betten
für die operativen Fälle nicht sparen darf, denn hier
entscheidet das Befinden des Patienten in den ersten
Tagen nach der Operation über Sehen oder Nichtsehen,
was für Viele gleichgeachtet werden dürfte mit Sein
oder Nichtsein.

Die Zimmer der Augenkranken müssen verdunkelt
werden können. Dies geschieht durch Vorhänge und Läden in verschiedener Weise. Meist kommt man dabei in
Streit mit der Lüftung, denn der Stoff, welcher das Licht
abhalten soll, wird zugleich auch die Luft abhalten, da
jenes noch leichter die Körper durchdringt als dieses.
Indessen lässt sich dies trennen, indem das Licht sich nur
geradlinig fortpflanzt, die Luft aber nach allen Richtungen.
Durch innen geschwärzte, zum einfallenden Licht winklich
stehende Rohre und ähnliche Vorrichtungen wird man
hinter Vorhängen, durch Läden und Thüre oder Wände
ein Ventilationssystem herstellen können, welches auch bei
Verdunkelung des Zimmers in Wirksamkeit bleibt. Doch
dürften solche künstlichen Vorrichtungen da überflüssig

:sein, wo man über eine grössere Anzahl kleinerer Zimmer
verfügen kann. In den ersten Tagen nach der Operation
bekommt der Patient die Augen verbunden. Tiefe Verdunkelung ist also so lange überflüssig. Man kann dann
um so freier durch Thüre und Fenster lüften, als die
Augenkranken ja körperlich gesund sind, die hereinströ-
mende frische Luft also weniger zu fürchten haben, als
schwitzende Fieberkranke. Wenn sie einmal aufstehen
können und der Verband allmälig entfernt wird, so führt
man sie abwechselud in benachbarte dunkle Zimmer, während
dann die leeren Zimmer und Betten auf's Gründlichste
gelüftet und gereinigt werden können. Niemand wird
bestreiten, dass dies die vollständigste Luftreinigung ist.
Im Winter wird die Luftreinigung durch einen im Zimmer
zu heizenden Ofen und noch besser durch ein Kaminfeuer
begünstigt.

In Bezug auf die Lage des Gebäudes nach einer
bestimmten Himmelsgegend gilt bei den Spitälern im Allgemeinen der Grundsatz, dass die Kranken Licht und
Wärme brauchen. Man wählt desshalb zu Krankenzimmern
am liebsten die Südseite, lässt auch noch die Ostseite
hingehen, vermeidet aber die West- und Nordseite, jene
wegen zu grosser Hitze im Sommer, diese wegen zu
grosser Kälte im Winter. Für Augenheilanstalten hat
man nicht nöthig, die Nordseite so streng zu verbannen,
sie bietet im Sommer sogar Vortheile, weil sie kühler ist.
Da leider immer noch das Vorurtheil herrscht, dass im
Sommer die Augenoperationen leichter heilen als im
Winter (was sich gerade umgekehrt verhält), so kommen

während des Sommers viel mehr operative Kranke. Ein
Jeder begreift, wie unangenehm es einem Gesunden im Sommer wäre, einige Tage ruhig in einem zu heissen Zimmer
und Bett zu bleiben. Der Augenoperirte, dem es gut
geht, ist in gleicher Lage, denn er fühlt sich nicht krank.
Man hat also mit Bezug auf die Lage der Krankenzimmer
hinsichtlich der Himmelsrichtung ziemlich freien Spiel-
raum.

Zu einer Klinik gehören aber auch noch Unter-
richtsräume, denn wir verstehen unter Klinik jetzt
allgemein ein zum medizinischen Unterricht bestimmtes
Krankenhaus, welches also zugleich Lehr- und Wohlthä-
tigkeitsinstitut ist. Man unterscheidet ambulatorische
und stationäre Klinik. Die ambulatorische Klinik dient
zur Untersuchung und Behandlung derjenigen Kranken,
welche nicht in der Anstalt verpflegt werden müssen,
sondern nach der Consultation wieder nach Hause gehen und
dort die erhaltenen Vorschriften und Verordnungen selbst
anwenden können. Dieser Theil ist bei der Augenklinik sehr
wichtig, denn die grösste Zahl der Augenkranken braucht
nicht im Bett zu liegen. Zur Abhaltung der ambulatorischen Klinik ist vor allem ein klinischer Hörsaal
nöthig. Daran reihen sich ein Wartezimmer der Patienten,
ein dunkles Zimmer zur Vornahme von Augenspiegel- und
ähnlichen Untersuchungen, ein Zimmer zu mikroskopischen,
optischen und ophthalmometrischen Untersuchungen, ein
Zimmer zur Vornahme der Funktionsprüfung des Auges
(Sehschärfe, Brechzustand, Accommodation, Beweglichkeit,
Farbenempfindung u. dgl.); in diesem letzteren können

auch Operationsübungen an Schweinsaugen und lebenden
Thieren, Kaninchen u. s. w., so wie experimentelle Untersuchungen über verschiedene ophthalmologische Fragen
angestellt werden. Ferner ist nicht zu entbehren ein
Ansprachzimmer für den Direktor und eine aus zwei
Zimmern bestehende Wohnung für den Assistenzarzt. Ein
eigenes Operationszimmer kann für die Augenklinik gespart werden, wenn bei der Anlage des klinischen Hör-
saals darauf Rücksicht genommen wird, dass auch in demselben Operationen ausgeführt werden können. Als
beste Anlage desselben scheint mir das Operationszimmer
im Ophthalmic Hospital zu Moorfields in London zum
Muster dienen zu können. Ein längeres viereckiges Zimmer hat der Thüre gegenüber an einer der schmalen
Seiten ein grosses Fenster. Zu beiden Seiten stehen die
Bänke für die Zuschauer parallel und amphitheatralisch
ansteigend. In dem mittleren Gang, der sich zwischen
den beiden Reihen der Bänke von der Thüre bis zum
Fenster hinzieht, befindet sich der Operationstisch. Wird
die Thüre nicht gerade in der Mitte der einen Wand angebracht, so kann daselbst, gerade dem Fenster gegenüber,
eine Wandtafel sehr zweckmässig aufgestellt werden, auf
welcher Zeichnungen u. dgl. von allen Plätzen aus zu sehen
sind. Das eine Ende der Bänke für die Zuhörer stösst hart
an die Wand, in welcher sich das Fenster befindet, dagegen bleibt auf der andern Seite ein Raum zwischen
ihnen und der Wand frei, gross genug, um darin einen
Verband- und Instrumentenschrank, einen Waschtisch und
einen Schreibpult aufzustellen, sowie um den nöthigen

Raum zum Aufenthalt und zur Bewegung des Patienten,
der Aerzte und einiger Gehülfen zu gewähren. Diese
Einrichtung ist desshalb zweckmässig, weil dann der Patient, dessen Auge dem erhellenden Fenster zugewendet
ist, allen Zuschauern von vorn und von der Seite sichtbar
ist, indem keiner derselben hinter seinem Rücken sitzt,
also von seinen Augen nichts sicht. Noch zweckmässiger
würde die Einrichtung sein, wenn man Licht mehr von
oben gewinnen könnte. Dann lassen sich die Bänke der
Zuschauer in einem Halbkreise anordnen, in dessen Cen-
trum der Professor und der Patient sich befinden. Letz-
terer würde seine Augen den Studirenden und dem Professor zuwenden, indem die Studirenden hinter dem
Rücken und zur Seite des Professors sitzen, also ganz in
derselben Weise, wie der Professor selbst, den Patienten
mit ansehen.

Eine Menge vortheilhafter Kleinigkeiten in der Einrichtung anzugeben, unterlasse ich hier, weil es mir nur
darauf ankommt, die wesentlichen Bedingungen einer Augenklinik anzugeben, nicht aber eine Anleitung für den
Bautechniker zu schreiben.

Lassen wir jetzt das Krankenhaus fertig gebaut,
eingerichtet und bezogen sein, so wollen wir einmal dessen
Betrieb näher betrachten. Wir nehmen eine Anstalt
von mittleren Dimensionen an. Dann theilt sich der
Betrieb, wie in jedem grösseren Krankenhaus, nach drei
Hauptrichtungen: in die wirthschaftlichen, pflege-
rischen und ärztlichen Verrichtungen.

Es ist zweckmässig, dass die Anstalt ihre eigene Wirthschaft führt. Sie besitzt Küche, Keller, Speicher, Vorraths- und Aufbewahrungsräume. Diesen ganzen hier einschlagenden Theil des Betriebs besorgt ein Verwalter oder eine Wirthschafterin. Sie hat die Anschaffungen für's Haus zu machen, wobei die Bedürfnisse der Küche die Hauptsache ausmachen. Nach den Vorschriften des Arztes hat sie den Speisezettel für sämmtliche Hausbewohner auszuführen. Die vielerlei hier vorkommenden Anschaffungen hat sie sämmtlich im Haushaltungsbuche zu verzeichnen, in welchem sich dann auch der Hauptausgabeposten der Anstalt vorfindet. Wie viel Köchinnen und Küchenmädchen erforderlich sind, hängt nicht allein von der Ausdehnung des Krankenhauses, sondern auch von dem Fleisse und dem Anordnungstalente der Wirthschafterin ab. Sie hat auch die Haushaltungskasse zu führen und nimmt daher die durch die Oberwärterin zu erhebenden Verpflegungsgebühren der Patienten in Empfang. Auch darüber hat sie Buchführung zu halten. Ihre Bücher beziehen sich demnach auf die Einahmen und Ausgaben für den Hausverbrauch. Sie bekleidet also eine Stellung, die in Bezug auf gute Beköstigung der Patienten und in Bezug auf die Finanzlage der ganzen Anstalt von grosser Wichtigkeit ist.

Die Geschäfte der Krankenpflege sind von denen der Wirthschaft getrennt. Sie werden besorgt von einer entsprechenden Anzahl Wärter oder Wärterinnen, letzteres für Augenkliniken zweckmässiger. Diese werden angewiesen und beaufsichtigt von den Aerzten und der Oberwärterin.

Eine jede Wärterin hat eine bestimmte Abtheilung zu
versorgen. Die Oberwärterin ordnet und überwacht die
Geschäfte in sämmtlichen Abtheilungen. Sie macht in
allen die ärztlichen Visiten mit, hört dabei sämmtliche
Vorschriften und Anordnungen, welche in Bezug auf Beköstigung, Wartung, Arzneidarreichung und anderwei-
tige Behandlung den einzelnen Wärterinnen und Kranken
ertheilt werden. Sie hat dafür zu sorgen, dass Alles dies
auch vorschriftsgemäss und pünktlich ausgeführt werde.
Auf die Reinhaltung und Lüftung der Zimmer hat sie ein
besonders wachsames Auge zu richten. Ferner hat sie die
Leinwand unter ihrem Verschluss und dafür zu sorgen, dass
sowohl diese als das ganze Inventar in gutem Stand gehalten
werde. Da ihre Geschäfte also sehr vielfacher Natur sind und
die mancherlei Aufträge und Bedürfnisse, die ihr bei den
ärztlichen Visiten und ausserdem bei ihren eigenen Inspec-
tionen kund werden, leicht dem Gedächtniss entfallen, so
hat sie ein kleines Notizbuch als Taschenkalender beständig
mitzuführen, in welches sie die nicht unmittelbar auszufüh-
renden Aufträge einzeichnet. So sieht sie an jedem Morgen
nach, was auf der Tagesordnung steht und sieht am
Mittag und Abend nach, ob auch Alles besorgt worden
ist. Sie hat ausserdem das Verpflegungsbuch zu führen. In dieses wird ein jeder Kranke bei seiner Aufnahme eingetragen und bei seiner Entlassung erhält er
auf Grund desselben seine Rechnung.

Gewöhnlich bestehen in den Krankenhäusern verschiedene Verpflegungsklassen. Der Patient hat zu bestimmen, in welche er aufgenommen sein will, so dass

man dann nicht seine einzelnen Bedürfnisse den Tag über
zu notiren hat, wie in einem Gasthause, sondern nur,
ob und welche besonderen Ausgaben er verursacht habe,
z. B. für Nachtwachen u. dgl.

Die ärztliche Thätigkeit einer Klinik besteht im
Heilen der Patienten und Lehren der Studirenden. Beides kann vereinigt werden. Wenn die Erkrankungen der
Patienten nach Ursachen, Entstehung, Erscheinungen,
Verlauf und Ausgang im Beisein und unter Theilnahme
der Studirenden untersucht und erörtert werden, wenn die
Behandlung unter ihren Augen und mit ihrer Assistenz
vorgenommen wird, wenn ihnen endlich Gelegenheit gegeben ist, auch die Wirksamkeit der Behandlung durch
Beobachtung des Verlaufs und Ausgangs zu prüfen und
der dirigirende Arzt es dabei nicht fehlen lässt an Belehrungen über all diese Erscheinungen und die Bedingungen
des Erfolges oder Nichterfolges auseinandersetzt, so ist
dies ja gerade der Vorzug des klinischen Unterrichts vor
dem theoretischen Lernen aus Büchern und Vorlesungen.
Der klinische Unterricht an den deutschen Hochschulen
zeichnet sich vor dem ausserdeutschen dadurch aus, dass
der Professor dabei nicht die einzig redende und handelnde Person ist und die Studenten nicht als blosse
stumme Zuhörer und Zuschauer dasitzen, sondern dass
beide fragend und gefragt und sich gegenseitig unterstützend nebeneinanderstehen. In der Augenheilkunde
ist das Selbstsehen wichtiger als in irgend einer andern Disciplin, denn jetzt, nach der Erfindung des Augenspiegels, liegen auch die inneren Theile des Auges offen

vor unserm Blicke, so dass es nur noch sehr wenig Erkrankungen des Auges gibt, deren Gewebsveränderungen
wir nicht direkt sehen können. Die eigene klinische
Anschauung ist also gerade hier so wichtig und unentbehrlich.

Die ambulatorische Klinik ist täglich zu bestimmten
Stunden einem jeden Kranken geöffnet. Schwere und
dringende Fälle werden entweder durch den Direktor
oder den Assistenzarzt, wovon immer einer in der Anstalt
sein soll, zu jeder Tagesstunde angenommen. In dem
Krankenhause selbst wird jeden Morgen von dem Direktor
die Hauptvisite der Patienten abgehalten. Daran bethei-
ligen sich der Assistenzarzt und die Oberwärterin sowie
auf einer jeden Abtheilung noch die betreffende Wärterin.

Dabei werden die neuen Verordnungen gemacht und
die Vorschriften in Bezug auf Diät, Wartung und Behandlung dem Hülfspersonal zur Besorgung gegeben.
Eine zweite kürzere Visite macht am Mittag der Assistenzarzt und eine dritte am Abend der dirigirende Arzt
mit dem Assistenten und der Oberwärterin, um nachzu-
sehen, was den Tag über vorgefallen und ob Alles für die
Nacht gut vorbereitet ist. So häufige Visiten in der
Anstalt von Seiten des Direktors mögen nicht überall
Brauch und auch in den meisten Krankenhäusern überflüssig sein, in Augenkliniken sind sie nicht nur unerlässlich, sondern der Direktor macht auch noch jeden Tag und
häufig in der Nacht Spezialbesuche bei einzelnen Kranken
in der Anstalt. In einer mittleren und grösseren Augenklinik werden im Jahre mindestens mehre hundert grössere

Operationen vollzogen. Es wird so ziemlich jeden Tag eine Operation gemacht, an manchen Tagen aber auch 6 und 12; dass dabei Zufälle, Störungen und Bedenklichkeiten immer vorkommen, die das häufige Nachsehen und die strenge Ueberwachung der so wichtigen Nachbehandlung dem Direktor zur Pflicht machen, leuchtet Jedem ein. Der Assistenzarzt hat das klinische Tagebuch der ambulatorischen und stationären Abtheilung zu führen, in welches nicht nur sämmtliche Patienten mit Namen, Alter, Heimath, Krankheitsform und Behandlungsweise einzutragen sind, sondern auch von allen operativen und schweren Fällen das Wichtige und Wesentliche in Erscheinungen und Verlauf jeden Tag zu verzeichnen ist. Wird die Arbeit für einen zu viel, so erhält er noch einen Assistenten oder Famulus, wie man ihn in Norddeutschland nennt. Für Disciplin im Hause sorgen die Wirthschafterin, die Oberwärterin, der Assistenzarzt und der Direktor der Anstalt. Der Assistenzarzt muss in der Anstalt wohnen und wenn auch der Direktor in derselben wohnt, so kann dies nur förderlich sein für die Heilung der Kranken, sowie für die Handhabung der Disciplin.

Dies wäre eine allgemeine Darstellung eines geordneten Hospitalbetriebs. Eine andere Frage ist, wie geschieht derselbe? Mit Bezug darauf herrschen in den einzelnen Anstalten dieselben Verschiedenheiten wie in den einzelnen Privathaushaltungen.

Es gibt gute und schlechte, ordentliche und unordentliche, theure und billige Spitalswirthschaften, ganz in

denselben Schattirungen wie wir sie bei den Privathaus-
wirthschaften oder Gastwirthschaften häufiger kennen zu
lernen Gelegenheit haben.

Ich will einzelne Eigenschaften eines guten
Betriebs hervorheben, die freilich als schulmässige
Wörter einem jeden Kinde eingeprägt, aber desshalb
noch lange nicht von Jedem beachtet werden.'

1) Reinlichkeit. Schon beim Eintritt in ein jedes
Haus stellt man die Diagnose auf den Sinn und die Beschaffenheit seiner Besitzer, namentlich der Hausfrau, wenn man
sich die Winkel der Treppen und Gänge ansieht. Sind unten
halbverdeckte Staubhäufchen, oben Spinnennester, so denkt
man schon an eine Entschuldigung für den Fall, dass
man zu Tisch gebeten werden sollte. Ich wünschte
damit aber auch nicht missverstanden zu werden. Die
pedantische Reinlichkeit, welche man in manchen Privatwohnungen so wohlthuend empfindet, wenn z. B. ein
Schwesternpaar es sich zur Lebensaufgabe gemacht hat,
jedes Staubkörnchen auszuspähen und zu verbannen, diese
wird man in der Wohnung einer grossen Familie, worin
sich eine Schaar munterer Kinder herumtummeln, oder
noch ein Geschäft betrieben wird, nicht beanspruchen.
Wenn auch in den Geschäftsstunden die Fussstapfen der
Besucher noch am Boden sichtbar sind, so ist doch der
Stuhl rein, auf welchen man Dich zu sitzen nöthigt.
Die Hausfrau ist in einfachem, aber vollendetem Anzug,
Du magst in's Haus treten früh oder spät; auf ihrem
Kopf siehst Du nicht die phantastischen Wellenformen des
Haarkünstlers, aber es ist nie Unordnung darauf **und**

auch sicher keine darin. Die Krankenhäuser liefern dazu
die vollkommensten Seitenstücke. Den Zimmern der beiden Abstäubschwestern gleichen jene Puppenanstalten, in
welchen die Kranken des Personals wegen da sind, wo
oft weniger wirkliche Kranken als Wartschwestern vorhanden sind, welche letzteren in der Krankenwartung
ihren Lebensberuf erblicken, es aber übel nehmen, wenn
man sie Wärterinnen nennt. So vortrefflich auch manche
Anstalten dieser Gattung — Diakonissen-, Vincentiushäuser
— sind, so kosten sie doch alle im Verhältniss zu ihren
Leistungen ausserordentliche Summen, und wenn man
darüber ungemessen verfügt, so kann man allerdings
Alles in grösstem Glanz haben. Verschieden davon sind
die besuchten Bürgerspitäler und namentlich die Kliniken.
Dort sammelt sich das Unglück in all' seinen traurigen
Gestalten und das Unglück trägt nicht immer das Kleid
der Reinlichkeit. Die Anstalt kann nicht überall Kleider
genug aufbringen, um jeden der vielen Hülfesuchenden neu
auszustatten. Alle unreinen Kleidungsstücke aber werden schleunigst entfernt, und dringen bei einem solchen Elenden die Bestandtheile der Muttererde, die der Erzeugung und
Erhaltung niedern thierischen Lebens so günstig sind, tiefer
als in die oberflächliche Hülle, so zieht der Ankömmling
bei seiner Aufnahme in's Krankenhaus den alten Adam
aus, steigt zur Taufe in's Bad und zieht dann den
neuen Adam der Spitalsuniform an. Sein eigener Anzug
macht jetzt eine Wanderung durch verschiedene Regionen
des Spitals. Zuerst verweilt er eine Zeit lang in der
Tropenkammer, wo eine Lufttemparatur von 80° R. die

5*

Keime alles Lebendigen erstickt, dann macht er die Bekanntschaft der vervollkommneten Wasch- und Trockenapparate der Neuzeit, um geläutert wieder in die Hände seines Besitzers bei dessen Entlassung zurückzukehren.

In den besuchten Spitälern, gerade wie in grossen Geschäftshäusern, wo die Menge ein- und ausgeht, ist zur Zeit der Geschäftsstunden in Gängen und Aufnahmszimmern der Schmutz der Strasse unvermeidlich, aber er dringt nicht weiter und wird alsbald entfernt, während man dies von den unreinlichen Spitälern nicht sagen kann.

Der Unterschied zwischen dem besuchten reinlichen und unreinlichen Krankenhaus ist überhaupt der, dass der zugetragene Schmutz in jenem entfernt wird, in diesem aber liegen bleibt, während er in die Puppenanstalt gar nicht hineinkommt.

2) **Pünktlichkeit und Ordnung.** Wenn die Geschäfte in der oben angegebenen Weise gegliedert sind, die ärztlichen Visiten regelmässig und umsichtig gemacht werden, und Jeder in der Anstalt die Beaufsichtigung fühlt, dann ergibt sich Ordnung und Pünktlichkeit von selbst. Es gibt aber auch Krankenhäuser — und ich kenne solche Augenheilanstalten, — welche das Wartpersonal fast ganz entbehren zu können glauben. Dieses koste viel, verursache das Defizit der Anstalten und könne gespart werden, indem die Genesenden die Kranken bedienten. Solche Grundsätze halte ich für durchaus verwerflich. Der schwer Erkrankte, der frisch Operirte, wird sich gewiss besser befinden, wenn seine Pflege von einer gut eingelernten, gesunden und kräftigen Wärterin

geschieht, als von einem unerfahrenen, selbst noch halb-
kranken Dienstmädchen. Zum Nachtwachen kann man
dieses nun gar nicht gebrauchen, denn der Genesende
bedarf vor Allem der Nachtruhe. Während durch dieses
System also auf der einen Seite die Pflege eine mangel-
haftere ist, so wird auch auf der andern Seite die völlige
Genesung der Gebesserten verzögert, oder gefährdet, weil
diese zu früh wieder zur Arbeit gezwungen werden.
Wollte man die Patienten aber erst dann zur Krankenpflege verwenden, wenn sie ganz wieder hergestellt sind,
so gehören sie eben nicht mehr in die Anstalt, sondern
entlassen zu werden. Wenn dann die Verpflegungsgebühren von den Patienten-Wärterinnen noch forterhoben
werden, so hat die Anstalt allerdings den Vortheil, dass
sie von ihrem Hülfspersonal noch Vergütungen bekommt.
Bei Mindervermögenden, welche ihre Verpflegungsgebühren
selbst bezahlen, kommt dies nicht wohl vor, denn diese
verlangen entlassen zu werden, wenn die Gefahr vorüber
ist; Vermögende geben sich überhaupt nicht zur Krankenpflege her, es bleiben also nur noch die armen Dienstboten, deren Spitalgeld aus öffentlichen Kassen entrichtet
wird, und welche so für die Andern die Krankenwartung
übernehmen müssen. Die Zahl der Verpflegtage wächst
also in einer Anstalt, die obige Grundsätze verfolgt, ohne
dass die Leistungen dadurch grösser sind. Die öffentlichen
Kassen können sich schwer gegen solchen Unfug schützen;
am besten scheint mir dies möglich, wenn sie sich, wie
über die ganze Einrichtung und den Betrieb, so auch
darüber vergewissern, ob eine entsprechende Anzahl Wärter

und Wärterinnen vorhanden sind. Ich möchte hierbei
aber auch nur gegen den Missbrauch reden, ohne damit
dem genesenden Patienten jede Beschäftigung untersagen
zu wollen. Wenn z. B. ein genesender Augenpatient,
der weit vom Orte der Anstalt entfernt ist, noch mit
örtlichen Arzneien, Aetzmitteln u. dgl., behandelt werden
muss, deren gehörige Anwendung in seiner Heimath nicht
zuverlässig geschieht, so lässt sich gewiss Nichts dagegen
sagen, wenn er in den Stunden, wo die Nachwirkung der
Aetzung vorüber ist, sich zu dieser oder jener Arbeit be-
quemt, die seinen Augen nicht nachtheilig sein kann.
Dies kann ihm sogar erwünscht sein, indem es ihm einen
Theil der in Krankenhäusern oft unvermeidlichen Lange-
weile wegnimmt. Der Missbrauch besteht nur dann,
wenn die Anstalt das nöthige Dienstpersonal zu sehr be-
schränkt, so dass sie auf diese Verwendung der Patienten
zum Wartdienst angewiesen ist. Der Kranke soll in der
Anstalt nur seiner Heilung leben und sobald diese ge-
sichert ist, entlassen werden.

3) Fleiss. Regelmässige und rasche Erledigung der
Tagesgeschäfte ist das Haupterforderniss der ärztlichen
Thätigkeit in einem Krankenhause. Da ich vorzugsweise
Heil- und klinische Institute im Auge habe, nicht aber
Versorgungs- und Pfründnerhäuser, so sind die ärztlichen
Geschäfte weitaus die wichtigsten, es liegt also Alles
daran, dass diese prompt besorgt werden. Fehler hierin
zeigen sich leider in gar manchen Spitälern und führen zu
dem für ihre Leistungen so ausserordentlich nachtheiligen
ärztlichen Schlendrian. Der Kranke muss, wenn er

zur klinischen Stunde kommt, ausführlich, und kommt er zu
einer andern Stunde, auch dann vom Arzt oder Assistenten
wenigstens provisorisch untersucht und in Behandlung genommen werden. Wenn man auch keinem Direktor einer
Klinik, sowie keinem Spitalarzte, zumuthen kann, den
ganzen Tag zur Verfügung der Kranken zu sein, so muss
dies doch in bestimmten Stunden so lange geschehen, bis
alle ärztlichen Anforderungen erledigt sind, in der Art,
dass niemals ein Patient länger als 24 Stunden in's Spital
aufgenommen ist, ohne dass die Untersuchung vollendet
und ein bestimmter Kurplan festgestellt und in Angriff
genommen wurde. Ich will damit durchaus nicht sagen,
dass es immer möglich ist, schon am ersten Tage ein
unabänderliches Urtheil zu fällen über Diagnose und Behandlung eines jeden Kranken. Dazu gehört zuweilen
längere Beobachtung des Verlaufs. Meine Meinung ist,
dass Verschub der zweckmässigsten Behandlung niemals
in einem schlendrianmässigen Geschäftsgang, sondern einzig
in den bestimmenden Verhältnissen des Krankheitsfalles
selbst seine Begründung haben darf. Kommt z. B. ein
Patient mit operationsreifem grauem Staar, so muss er
nicht wochenlang hingehalten werden, bis der Arzt zu
seiner Operation schreitet. Es gibt dafür freilich eine
Menge von Entschuldigungen, die bei Licht betrachtet
alle nicht stichhaltig sind, sondern nur den eingerissenen
Schlendrian verdecken sollen. Heute ist das Wetter zu
trübe, morgen hat der Arzt keine Zeit, übermorgen fehlt
der Assistent, den nächsten Tag fühlt sich der Arzt nicht
in der Operationsstimmung, er war die Nacht in heiterer

Gesellschaft, seine Hand ist davon etwas zitternd, den Tag
darauf ist's Freitag, das ist ein Unglückstag, an dem man
nie etwas Wichtiges unternehmen soll, und wenn auch
der Arzt vorgibt, von diesem Aberglauben frei zu sein, so
müsse man doch dem Vorurtheil des Publikums Rechnung
tragen, der Patient könnte sich ängstigen und beunruhi-
gen — und so gibts der Ausreden eine Menge. Der Kranke
verzehrt dabei sein Geld oder die Mittel des Hospitals, während die Krankenhausatmosphäre auch nicht überall so beschaffen ist, dass sie ihn zur Operation kräftigte und
vorbreitete. Er braucht zu seiner Heilung die doppelte
Zeit, welche bei rascher Geschäftserledigung nöthig gewesen wäre. Das Publikum findet dies nach und nach
heraus und merkt sich diejenige Anstalt, aus welcher die
Kranken früher geheilt entlassen werden, als in einer andern die Operation vorgenommen wird.

Noch ein Paar Worte muss ich reden über akademische Krankenhäuser. Die Kranken dürfen darin
niemals als Versuchsgegenstände betrachtet werden. Nur
die erprobtesten Heilmethoden sollen darin wie anderwärts
zur Anwendung kommen. Zu Versuchen sind die Kaninchen, Frösche und andere Thiere gut genug. Diese sollen
auch zu den Operationsübungen der Studirenden dienen,
wenn dies an Leichen nicht hinreichend geschehen kann.
Dem Studenten selbst Operationen, in's Besondere Augenoperationen am lebenden Menschen anzuvertrauen, dazu
ist bei der ausserordentlichen Wichtigkeit des Gegenstandes
die Verantwortlichkeit doch zu gross. Wenn man auch
sagt: »die jungen Aerzte müssen operiren lernen, die alten

haben's ja auch lernen gemusst«, so mögen sie dies an
Thieren und Leichen thun und wenn sie sich berufen
fühlen, Operateure zu werden, so mögen sie, wie ihre
Lehrer, in eigener Praxis auf eigene Verantwortung
Lehrgeld zahlen. Dies ist ohnedies die einzige Art, wie
man gründlich lernt. Wollten aber alle Studenten An-
sprüche machen in den Kliniken selbst zu operiren,
wovon doch die meisten später keinen Gebrauch machen
können, so würde es schlimm bestellt sein mit den
Operationserfolgen und es dürfte bald in solchen Kliniken
das Operationsmaterial zu erscheinen aufhören. In der
Klinik sollen die Studenten auf Alles aufmerksam gemacht
werden, sie sollen daselbst an fremder Erfahrung lernen,
aber die Klinik soll nicht der Anfang ihrer eigenen
Praxis sein.

Ich komme jetzt zu einer der wichtigsten Fragen,
zur Beurtheilung der Leistungen eines Krankenhauses. Die Spitäler sind zum Theil reine Wohlthätig-
keitsinstitute, z. B. die Pfründnerhäuser. Bei diesen
lassen sich die Leistungen leicht bestimmen, denn sie sind
ziemlich zusammenfallend mit der Zahl der Verpflegtage
und dem dafür zu berechnenden Geldwerth. Ist die Wohnung und Beköstigung in einem dieser besser, als in einem
andern, so werden sich, bei gleich ehrlicher und sparsamer
Verwaltung, auch die Verpflegungskosten höher berechnen.

Die Leistungen der akademischen Krankenhäuser, der Kliniken, bestehen 1) in dem Dienst,
welchen sie dem Unterricht erweisen und 2) in der
Hülfe der Leidenden. Das letztere fällt zusammen mit

der Wirksamkeit derjenigen Krankenhäuser, welche rein
dem Heilzwecke dienen, was wir sogleich ausführlicher
erörtern müssen. Die Leistungen eines Spitals als Lehr-
anstalt sind abhängig:

1) von der Zahl und Wichtigkeit der zur Untersuchung und Behandlung kommenden Krankheits-
fälle. Eine grosse Krankenzahl ist ganz unentbehrlich,
soll der klinische Unterricht genügend sein. Der junge
Arzt, welcher in 2 bis 3 vorgeschriebenen klinischen
Semestern eine hinreichende Erfahrung sammeln soll, muss
sich dahin wenden, wo nicht nur die gewöhnlicheren,
sondern alle, auch die seltneren Krankheitsformen ihm in
hinreichender Anzahl und Abwechselung zur Anschauung
gebracht werden. Die Abtheilung des Krankenhauses, in
welcher der klinische Unterricht vorgenommen wird,
braucht nur so viel Kranke zu haben, als ein fleissiger
Student gleichzeitig in ihrem Verlauf zu verfolgen im
Stande ist, wozu 24 bis 48 Betten in jeder Klinik für
genügend gelten. Dabei muss aber die Klinik das Aus-
wahlrecht aus einer bei weitem grösseren Patientenzahl
haben. In den kleineren und mittelgrossen Spitälern übernimmt der klinische Lehrer in der Regel die ärztliche
Direction der ganzen betreffenden Abtheilung, in den
grösseren dagegen werden von besonderen dirigirenden
Aerzten (Primarärzten) diejenigen einzelnen Abtheilungen
übernommen, welche nur in sofern dem Unterrichte dienen,
als aus ihnen die für den Lehrzweck passenden Fälle auf
die klinische Abtheilung hinübergenommen und später
auch wieder zurückgenommen werden, sobald das Stadium

der Reconvalescenz nichts Instruktives mehr zeigt. Man kann also mit Recht sagen, dass die academischen Spitäler um so leistungsfähiger für den Unterricht sind, je mehr Kranke sie besitzen. Ich erinnere hier an die berühmten, in dieser Weise gegliederten Kliniken von Berlin, von Wien, von London und andern grossen Städten. An diese Spitäler knüpfen sich die gleichnamigen, berühmten medizinischen Schulen, wie die Wirkung an die Ursache. Nur an grossen Anstalten können die einzelnen Zweige der Medizin getrennt gepflegt werden, weil anders ihnen das Beobachtungsmaterial zu knapp zugemessen ist und eine gegliederte Spezialpflege der einzelnen Zweige ist anerkannt am fruchtbringendsten für die Wissenschaft und den Unterricht. Der Dichter sagt ganz richtig:

»Nur die Fülle führt zur Klarheit.«

Desshalb wandern die Studenten in spätern Semestern oder nach ihrem Staatsexamen von den kleinern Universitäten an die grossen, um dort in Spezialcursen die Lücken auszufüllen, welche die kleine Anfangsuniversität ihnen gelassen hat. Viele behaupten, es sei besser, wenn die Studenten zuerst überhaupt kleinere Kliniken besuchten, um nachher von den grössern den eigentlichen Nutzen zu ziehen. Die kleineren Anstalten würden dann nur propädeutische Kliniken besitzen können. Sei dem, wie ihm wolle, so wird man nicht bestreiten können, dass die grossen Anstalten bei entsprechender Gliederung die leistungsfähigeren sind. Der Mangel des grossen Materials macht sich am fühlbarsten in den Cursen über pathologische Anatomie. Dieses Fach

dient dem klinischen Unterricht als unentbehrliche
Grundlage und Controlle. So lange darin an einer
Universität nicht ein reichliches Material vorhanden ist,
wird sie keine hervorragende medizinische Fakultät besitzen können, so bedeutend auch ihre anderen Lehrkräfte
und Lehrmittel sind; es fehlt eine der Grundlagen zur
gründlichen medizinischen Bildung. In früherer Zeit, wo
die Bedeutung dieses Lehrgegenstandes noch weniger
entwickelt und gewürdigt war, machte sich der Mangel
desselben an einer Hochschule weniger fühlbar. Hin-
reichendes pathologisch-anatomisches Material ist aber
nur in grossen Krankenhäusern möglich.

2) Von der Zahl und Tüchtigkeit der Lehrkräfte. Darüber brauche ich keine Worte zu verlieren,
dies leuchtet von selbst ein. Ich könnte höchstens darauf
aufmerksam machen, dass die Zahl der klinischen Lehrer
bedingt wird durch die Zahl der Patienten. Wollte man
z. B. ein Krankenmaterial, das gerade eine ordentliche
Klinik zulässt, unter zwei Professoren vertheilen, so
würde das Ganze an Lehrfähigkeit verlieren. Zu einer
solchen Ueberbesetzung der Stellen wird es jedoch nicht leicht
kommen, da die klinischen Lehrer Staatsbesoldungen erhalten, die von sparsamen Regierungen und Ständen bestimmt werden.

3) Von der Zahl und dem wissenschaftlichen
Geiste der studirenden Mediziner. Hier kann man
nicht sagen, dass je mehr Studenten eine Klinik besuchen,
desto mehr auch von der Gesammtheit gelernt werde.
Ist die Anzahl zu gross, so können die einzelnen zu

wenig aus der Nähe sehen, und bei vielen Krankheiten, z. B. Augenübeln, ist eine Beobachtung aus der Vogelperspective rein unnütz. Ist die Zahl der Studirenden aber zu klein, so wird der Eifer des Dozenten gelähmt, da eine zahlreiche Zuhörerschaft immer mehr anspornt als eine kleine. Ausserdem werden dann beträchtliche Mittel, die ja der klinische Unterricht überall erfordert, von einer zu geringen Zahl von Lernenden benutzt. Die Klinik besitzt den Stoff um sehr leistungsfähig zu sein, es fehlen aber die Abnehmer und desshalb geht er für den Unterricht fast nutzlos verloren. Es kann aber auch eine Klinik von Studenten recht besucht sein, die Inskriptionsliste kann zahlreiche Namen aufweisen, und doch sind die Früchte des Unterrichts gering, weil ein träger oder auf andere Dinge gerichteter Geist unter den Studenten herrscht. Dass davon das Institut und der Lehrer nicht immer die Schuld tragen, wird derjenige leicht begreifen, welcher beobachtet hat, wie leicht andere Ereignisse verschiedener Art, z. B. politische, den Geist der Jugend vom Studium ablenken.

Bei den reinen Krankenhäusern, die keinerlei Nebenzwecke verfolgen, fällt die Summe der Leistungen zusammen mit der Summe der Heilerfolge. Diese aber nach ihrem Werth, selbst nach ihrer Zahl zu bestimmen, ist unendlich schwierig, denn die Heilungen derselben Krankheit sind sehr abhängig von der allgemeinen Natur des Patienten. Auch sind die zur Heilung zu verwendenden Arzneien und Kurmethoden nicht gleichwerthig, indem man die eine Krankheit mit

geringem Aufwand von Geld, Zeit und Mühe heilt, die
andere rasch und leicht. Und doch kann es sein, dass
man den Heilerfolg im ersten Fall als eine unbedeutende
Verbesserung in der Lage des Individuums betrachten
muss, während die leichte Heilung dem Patienten einen
unberechenbaren Nutzen brachte. Setzen wir als Beispiel dazu eine Hüftgelenk-Entzündung einem grauen
Staar gegenüber. Die erstere Krankheit kann eine Dauer
von 1 bis 2 Jahren und darüber haben, vielfältige Pflege,
Verbände und Arzneien erfordern, bis sie endlich erst
nach Herausnahme des halb zerfressenen Gelenkkopfs
heilt und einen Menschen am Leben hält, welcher mit
einem verkürzten Bein mühsam herumhinkt. Der andere
Patient ist an beiden Augen am grauen Staar erblindet,
er wird operirt und verlässt nach 14 Tagen das Krankenhaus vollkommen sehend. In dem ersten Falle wurde
nach 2jähriger Behandlung einem Menschen der unvollkommene Gebrauch seiner Glieder wiedergegeben, im
zweiten Fall in 14 Tagen ein Blinder wieder sehend
gemacht. Der letztere Heilerfolg ist seinem Werthe nach
gewiss nicht geringer als der erstere, aber die Leistungen
des Krankenhauses an jenem ersteren sind doch unendlich viel grösser. Es kommt also bei den Abschätzungen
der Leistungen eines Spitals nicht auf die blosen Heilerfolge an, sondern auch auf die Bedingungen, unter
welchen allein sie erreichbar sind. Am allermeisten würde
man irren, wenn man die Leistungen einer Anstalt oder
eines Arztes nach vereinzelten guten oder schlimmen
Ausgängen von Krankheiten oder Operationen beurtheilen

.wollte, weil diese von gar manchen ausserhalb der Persönlichkeit des Arztes und der Anstalt. liegenden Verhältnissen abhängen. Die Statistik berichtigt hier unser
Urtheil, aber auch hier nur bei entsprechend grossen
Zahlen. Es gibt also eine ganze Anzahl von Dingen,
welche bei der Abschätzung der Leistungen eines Krankenhauses in Frage kommen, Keines derselben an und für
sich liefert einen sicheren Maassstab, aber wenn alle
berücksichtigt werden, so gewinnt unser Urtheil doch
einen hohen Grad von Genauigkeit. In den jährlichen
oder nach andern Zeitabschnitten veröffentlichten Kranken-
hausberichten sollte offen und ehrlich über alle Verhältnisse Rechenschaft abgelegt sein, die geeignet sind, die
Schätzung der Leistungen des Krankenhauses zu
bestimmen. Ich will versuchen, dieselben hier aufzuführen
und ihrem Werthe nach näher zu beleuchten. Wir haben
dabei die folgenden Fragen zu beantworten:

1) Wie viel Patienten kommen jährlich zur
Behandlung? Die Patientenzahl ist der beste Maassstab zur Bestimmung, wie ausgedehnt die Wirksamkeit
einer Anstalt ist. Führen wir als Beispiel den Patienten-
besuch der Augenheilanstalten an, wie er aus nachfolgender Statistik sich ergibt, so rechnen wir Anstalten
mit jährlich 600 bis 1200 Patienten zu den kleineren,
1200 bis 2400 zu den mittleren, 2400 bis 5000 zu den
grösseren und zu den sehr grossen und grössten Anstalten diejenigen, welche jährlich noch mehr Patienten
haben. Die grösste mir bekannte Krankenzahl einer
Anstalt mit einem dirigirenden Arzte ist die des Herrn

Prof. von Gräfe in Berlin mit jährlich 7000 Patienten,
die grösste Krankenzahl überhaupt hat das Ophthalmic
Hospital zu Moorfields in London, nämlich 18,000 Patienten,
welche sich aber unter 6 Aerzte vertheilen.

Die Kranken werden nun an den verschiedenen
Krankenheilanstalten in verschiedener Weise gezählt und
gebucht. Manche notiren die unwichtigen Fälle gar nicht.
Das sollte nicht sein, denn schädliche Umstände können
ja ein unbedeutendes Uebel leicht steigern und kommt
dann der Patient wieder, so erinnert man sich nicht
mehr an den Anfang. Die Buchführung braucht nicht
pedantisch zu sein, aber doch muss sie vollständig sein,
um eine Uebersicht des Dagewesenen und Geleisteten zu
gewähren. Alle Patienten sollten eingetragen werden.
Bei den gewöhnlichen und unwichtigen Fällen genügt es
zu Namen, Heimath und Alter die Diagnose und Behandlung einfach hinzuzufügen, bei den wichtigeren und
seltneren Fällen muss alles Wesentliche im Auftreten
und Verlauf notirt und alles Exceptionelle besonders hervorgehoben werden. Auf diese Weise hat die Buchführung Nutzen, auch wenn sie nicht zur Ausstellung von
Rechnungen dient. Wie ein jedes Geschäft, so erhält
auch eine Heilanstalt nur durch eine gute Buchführung
Aufschluss und Bewusstsein über das, was das Jahr über,
oder im Laufe der Jahre, gearbeitet wurde.

Manche Anstalten tragen nicht die während einem
Jahre sich vorstellenden Kranken, sondern die Krankheitsformen besonders ein, so dass z. B. ein Patient heute
mit einem Augenkatarrh, nach 3 Wochen mit einem

Gerstenkorn, nach 2 Monaten mit einer Phlyktäne, nach
3 Monaten mit einer Iritis, nach 9 Monaten mit Glas-
körpertrübungen u. dgl., also im Verlaufe eines Jahres
4 Mal und öfter eingetragen wird. Dies führt zu über-
flüssiger Häufung der Nummern und lässt uns auch die
Aufeinanderfolge, die Wiederholung und den Zusammen-
hang der einzelnen Affektionen nicht überblicken. Dem
entgegengesetzt gibt es Anstalten, welche einen jeden
Patienten, so lang er lebt, nur einmal in die Bücher ein-
tragen, mag er heute einen Stahlsplitter in der Hornhaut,
nach 5 Jahren eine Lähmung eines Augenmuskels, nach 10
Jahren eine Netzhautablösung bekommen. Da die Patienten häufig schon nach Wochen und Monaten nicht mehr
wissen, wann sie da waren, so führt dies bei der besten
Registrirung zu einem lästigen und zeitraubenden Nachschlagen. Am zweckmässigsten erscheint es mir, man
fängt mit jedem neuen Jahre auch neue Nummern an, ein
jeder Patient erhält während des ganzen Jahres nur eine
Nummer, war er in früheren Jahren schon einmal in der
Anstalt, so schlägt man, wenn dies Aufschluss über sein
neues Leiden zu geben verspricht, dies nach, und notirt
sich's im neuen Buch, verweist aber in jedem Fall darauf.
So sieht man, wie viel frühere Patienten im neuen Jahre
wiederkamen und wie viel frische Fälle sich vorgestellt
haben. Eine solche Buchführung erscheint mir einfach
und doch ausreichend zu sein. — Führt ein Arzt mehre
Bücher, z. B. in der Privatsprechstunde und in der öffentlichen Klinik getrennte Journale, so ist es in der Ordnung, dass der Patient, welcher einmal oder öfter in der

6

Privatsprechstunde erschien und hernach in die öffentliche
Klinik überging, nicht doppelt gezählt werde. Da er
aber in jedem Buche eine eigene Nummer haben muss,
so muss er da, wo er zuletzt war, keine fortlaufende
Nummer erhalten, sondern die Nummer des vorhergehen-
den Patienten mit einem Index. Beispiel: Ein Patient,
der sich eine Zeit lang privatim behandeln liess, kommt
hernach zu demselben Arzt in die öffentliche Klinik,
wo zu dieser Zeit der letzte Patient die Nummer 93 erhalten hatte, so erhält jener nicht Nummer 94, sondern
93 a und damit wird er auch in's Register eingetragen.
Ebenso dürfen auch die Patienten, welche von der
ambulatorischen Abtheilung in die stationäre übergehen
oder umgekehrt, nicht doppelt gezählt werden. Es scheint
mir zweckmässig für die stationäre Abtheilung ein ge-
sondertes Buch zu führen, aber alle Patienten in das
Buch der Ambulanz einzutragen, bei den stationären
Kranken aber auch auf die ihnen in der Ambulanz er-
theilte Nummer zu verweisen. Wo Filialkliniken bestehen,
da dürfen die von einer in die andre übergehenden Patienten auch keine fortlaufenden Nummern, sondern dieselben Nummern mit einem Index bekommen. Auf diese
Weise kann man jeden Patienten auf jeder Station leicht
nachschlagen und ist doch sicher, ihn nicht zwei Mal gezählt zu haben. Man weiss also am Ende des Jahres
genau, wie viele Patienten man behandelt hat. Ich hielt
diese Auseinandersetzung nicht für überflüssig, da ich an
verschiedenen Orten verschiedene Arten der Buchführung
kennen gelernt habe, welche mir mehr oder minder

bequem erschienen, aber nicht alle eine richtige Zählung
zuliessen. Die obenerwähnte habe ich seit mehren Jahren
eingeführt und finde sie allen Anforderungen Genüge
leistend. Sie ist ohnedies so einfach und auf der Hand
liegend, dass ich sie natürlich nicht als etwas Neues anführe,
aber namentlich denjenigen meiner Collegen anempfehlen
zu können glaube, welche neben ihrer Privatpraxis noch
ein öffentliches Institut (Armenanstalt) zu leiten haben,
wenn es ihnen darauf ankommt zu wissen, wie viel Patienten überhaupt sie im Jahr hatten, oder wenn sie im
Jahresbericht ihr gesammtes Material, arme und Privat-
kranke, darzustellen haben.

2) Wie viele stationäre Kranke waren in der
Anstalt, d. h. wie viele von der Gesammtzahl der jährlich
behandelten Patienten wurden in der Anstalt verpflegt? Bei
richtiger Direktion gibt uns diese Zahl die Menge der
schweren und wichtigen Fälle an, welche bei der Anstalt
Hülfe zu suchen kamen. Doch muss man bei der Betrach-
tung derselben prüfend zu Werke gehen, denn es können
auch andere Umstände als die Wichtigkeit der Er-
crankung bestimmend auf die Aufnahme in die Anstalt
einwirken. Diese sind auf der einen Seite contraktliche
Verhältnisse des Krankenhauses mit Gemeinden, Bezirken
oder Versicherungsvereinen; sind die Verträge der Art, dass
das Spital gegen eine jährliche feste Summe jeden er-
crankten Versicherten gratis aufnehmen und verpflegen
muss, so ist die Aufnahme gar mancher unbedeutend er-
crankten, arbeitslosen oder arbeitsscheuen Menschen
chwer zu umgehen. Die Kliniker haben dafür eine

6*

eigene Fachbezeichnung; sie sagen: das Spital ist gefüllt, aber es ist viel »Schund« darin.   Auf der andern
Seite hängt die Aufnahme wieder sehr von dem persönlichen Ermessen des Direktors ab.   Sicht derselbe gern
leichte Fälle für schwere an, so wird er gar manchen Kranken
in's Spital zu gehen bestimmen können, welcher ebenso gut
und manchmal besser in frischer Luft seine Heilung ge-
funden hätte.   Dieses Aufnehmen der leichteren Fälle ist
besonders bei Privatanstalten zu befürchten, deren Räumlichkeiten für das vorhandene lokale Bedürfniss zu ausgedehnt angelegt sind.   Der ärztliche Direktor, welcher in
der Regel auch Unternehmer des Instituts ist, hat zu viel
Interesse daran, dass dieses gefüllt sei.   Um die Räume
nicht leer stehen zu lassen, nimmt er auch wohl eine
grössere Anzahl Armer oder Mindervermögender unentgeltlich oder zu niedrigeren Preisen auf, als es das Einnah-
menbudget des Instituts erlaubt.   Auf die Dauer ist eine
solche Geschäftsführung freilich nicht möglich.   Klinische
Anstalten sind des Unterrichts wegen gezwungen, eine
entsprechende Anzahl Kranke beständig aufzunehmen,
auch wenn eine Vergütung für die Verpflegung nicht oder
ungenügend zu erhalten ist.

   3) Wie viel Verpflegungstage hat die Anstalt
im Jahre? Diese sind, wie die Anzahl der Verpflegten
selbst, zum grossen Theil wieder abhängig von Verträgen
und der Persönlichkeit des Arztes. Ein gewissenhafter
Arzt, der mit den Mitteln der Anstalt sparsam umgeht,
die Aufnahme rein von der dringenden Beschaffenheit des
Krankheitsfalles abhängig macht, dabei regelmässig und

fleissig in der Ausübung seiner Berufsgeschäfte ist, wird unter sonst gleichen Verhältnissen eine geringere Anzahl von Verpflegtagen aufzuweisen haben, als ein anderer, der sich dieses weniger streng zur Pflicht macht. Die Zahl der Verpflegungstage wird als Maassstab betrachtet für die Leistungen der Spitalkasse. Dabei muss man aber auch noch weiter angeben, wie war die Verpflegung? Was erhalten die Patienten täglich? Ferner ist anzugeben, wie viel Verpflegtage fallen auf Kinder, auf erwachsene Kranke, auf deren Begleiter und auf das Hülfspersonal?

4) Wie viel Räume und Betten hat das Krankenhaus und wie viele derselben sind durchschnittlich ständig besetzt? Ersteres gibt an, wie viele Kranke im höchsten Falle gleichzeitig aufgenommen werden können. Die Zahl der Betten wird bei Anstalten, deren Krankenbesuch in verschiedenen Jahreszeiten erheblich schwankt, bedeutend grösser sein müssen, als die Zahl des mittleren ständigen Besuchs. Den Augenheilanstalten führt z. B. der Frühling und Sommer eine bei weitem grössere Patientenzahl zu als der Winter und dafür muss man auch vorgesehen sein. Ausserdem ist es gut, wenn immer eine Anzahl Betten und Zimmer unbesetzt sind wegen der Lüftung und Reinigung.

5) Welches ist die mittlere Verpflegungsdauer eines Patienten? Diese finden wir nicht nur in verschiedenartigen Krankenhäusern, sondern auch in gleichartigen sehr erheblich schwanken. Die Anstalten, in welchen Saumseligkeit die Geschäftsraschheit verdrängt

hat, brauchen längere Zeit zur Heilung eines Patienten.
Manche Aerzte behalten aber auch die Kranken viel
länger in der Anstalt als nöthig wäre; sie sind überhaupt
gewohnt, jedes Uebel als möglichst gefährlich hinzustellen,
sie pflegen in mehr oder minder verblümter Weise den
Kranken zu sagen: »das war die höchste Zeit, dass Sie
gekommen sind; hätten Sie noch einen Tag gewartet, so
hätte ich Ihnen nicht mehr helfen können.« Diese Art
des Benehmens nennt man »ärztlichen Cabinetsschwindel«
und ist in der Regel verbunden mit mehr oder minder
offenen Verdammnungsäusserungen der Behandlungsweise
des früheren Arztes, pomphaftem Auftreten, Ruhmredigkeit
und Ausnutzung käuflicher Reklame. Alles dies gründet
sich auf den auch heutzutage noch richtigen Satz: Die Welt
will betrogen sein. Dass auf solche Weise sich ein Arzt
und eine Anstalt Zulauf und selbst Reichthümer verschaffen können, beweist die Erfahrung aller Zeiten und
die der Gegenwart zur Genüge. Der Arzt also, dem
Zulauf und Gelderwerb als das Endziel seines Handelns
gelten, der wird auf diese Weise auf Erreichung desselben hoffen können, doch in der Gesellschaft stellt er
sich auf eine weit niedrigere Stufe als sie dem gebildeten
und anständigen Arzte zukommt. Während der gemeine
Schwindel nur die niedere Volksklasse bethört und vor
dem verständigen Theil des Publikums alsbald er-
kannt wird, so blendet der feine Cabinetsschwindel
die meisten, namentlich wenn derjenige, welcher ihn i
Scene setzt, mit Amt und Titel ausgerüstet ist. Die ar
ständigen und ehrlichen Aerzte aber, wovon manche de

durch bei aller Tüchtigkeit oft in Unthätigkeit versetzt
werden, sollten es nicht unter ihrer Würde halten, die
Charlatanerie in jeder Form unumwunden zu demaskiren.
Dadurch halten sie das Ansehen ihres Standes aufrecht
und bewahren sich und das Publikum vor unverschuldetem
Schaden. Es gehört dazu freilich der Muth, seine An-
sichten, denen der Nichtsachkundige nur zu gern Brod-
neid und Unverträglichkeit unterlegt, frei zu äussern und
zu vertreten.

So sehr auch in dem Punkte der mittleren Verpflegungsdauer, wie überhaupt bei den Leistungen eines
Krankenhauses die Persönlichkeit des dirigirenden Arztes
in den Vordergrund tritt, so haben doch auch noch andere Umstände darauf Einfluss, wovon ich noch besonders
hervorheben muss den Einfluss, welchen der Reichthum
des Spitals daranf ausübt. Ein Spital, das über grosse
Mittel verfügt, wird namentlich arme Kranke — und
die meisten Kranken sind arm — nicht nur in grösserer
Zahl aufnehmen, sondern auch länger verpflegen können
als ein armes Spital, welches gezwungen ist, die Kranken
häufig nicht erst nach völliger Genesung, sondern bald
nach Beseitigung der Gefahr zu entlassen.

6) Welches sind die Krankheitsformen der
behandelten Patienten? Eine übersichtliche Zusammenstellung derselben in den Jahresberichten der Spitäler
lässt uns erkennen, welche Arten von Erkrankungen vorzugsweise in der betreffenden Gegend und in dem betreffenden Jahre vorherrschend waren. · Daraus kann man dann
auch wieder Schlüsse ziehen, welche Dienste das Spital

der Gesellschaft des Bezirks oder überhaupt geleistet hat.
Bei akademischen Krankenhäusern lässt sich daraus auch
auf die Beschaffenheit und Reichhaltigkeit des klinischen
Lehrmaterials schliessen. So gibt es in gewissen Gegenden
endemisch und epidemisch verbreitete Krankheiten, welche
die Spitäler mit lästigem Einerlei erfüllen, ohne dadurch
bedeutend das klinische Material zu heben, z. B. die
ägyptische Augenentzündung in ihren langwierigen Formen am Niederrhein, in Belgien, Russland u. s. w., während sie am Mittel- und Oberrhein viel seltener und in
der Schweiz kaum zu rechnen ist. An der Liste der
Krankheitsformen der stationären Abtheilung kann man
auch mit Wahrscheinlichkeit bestimmen, ob nur wichtige
Kranke, oder auch viel unbedeutende Uebel mit aufgenommen worden sind.

7) Welches ist der Heimatsort der Patienten?
Daran lässt sich erkennen, wie weit die Wirksamkeit
eines Krankenhauses die lokalen Grenzen überschreitet
wie weit sich sein Ruf und sein Vertrauen erstreckt. Aus
serdem lässt sich daraus noch folgender Schluss ziehen
bei gleicher Patientenzahl zweier Anstalten, besitzt di
in einer kleinen Stadt befindliche eine grössere Meng
wichtiger und schwerer Fälle als die Anstalt in eine
grossen Stadt. Der Grund davon ist leicht einzusehe
Aus der grossen Stadt kommen sehr viel unwichtig
Kranke, weil die Anstalt der Bevölkerung derselben leicl
erreichbar ist; zu der Anstalt in der kleinen Stadt mü
sen die meisten Patienten weite und kostspielige Reis
machen, wozu sich nur die schwerer Erkrankten verstehe

8) Wie hoch belaufen sich die Kosten für Arzneien und andere Heilmittel? Dieser Posten ist
fern davon, ein annähernd richtiges Urtheil über die
Leistungen eines Krankenhauses zu vermitteln, denn weder
die Zahl der Recepte, noch deren Preis steht in annähernd genauem Verhältnisse zu den Heilerfolgen. Der
eine Arzt pflegt überhaupt weniger und billiger zu ver-
ordnen als der andere. und wer wollte behaupten, dass
der letztere desshalb der vorzüglichere Heilkünstler sei?
Immerhin ist der Arzneiverbrauch ein Posten, welcher
nicht unberücksichtigt bleiben darf bei der Schätzung
der Leistungen eines Krankenhauses. doch muss dies mit
entsprechenden Vorsichtsmaassregeln geschehen.

9) Wie hoch belaufen sich die Ausgaben des
Spitals? Darnach lässt sich der Umfang der Wirthschaft bestimmen. Stellt man die jährlichen Ausgaben
den Einnahmen gegenüber, so erkennt man daran die
Leistungen der Spitalskasse. Daneben darf man aber
nie unterlassen, speziell zu berechnen: wie hoch der
einzelne Verpflegtag im Durchschnitt zu stehen
kommt? Dies schwankt nach den einzelnen Gegenden
sehr erheblich und wird sich in Süddeutschland bei sparsamer Wirthschaft auf 1 bis 1⅓ fl. berechnen. Dazu
gehört dann, dass man auch sämmtliche Ausgaben des
Spitals mit in Rechnung zieht, z. B. Hausmiethe, Inventarzins u. dgl. Da wo das Spital eigenes Haus und Inventar besitzt, gehört dieses capitalisirt und die üblichen
Mieth- und Zinsbeträge mit zu den Ausgaben hinzugerechnet
zu werden. Die Berechnung der durchschnittlichen Kosten

des einzelnen Verpflegtages geschieht, indem man die
Gesammtsumme der Ausgaben gleichmässig auf die Gesammtsumme der Verpflegtage der Patienten vertheilt. Es
ist zweckmässig die Gesammtausgabe zu zerlegen in

a) Spezialausgaben, welche bestehen in Beköstigung,
Heizung, Beleuchtung, Wäsche und Arzneien der stationären Abtheilung, nämlich solche Ausgaben, welche
jeder Patient speziell für seine Person verursacht.

b) Generalausgaben, d. h. solche Kosten, welche der
allgemeine Betrieb des Hospitals verursacht. Dahin
gehören: Hausmiethe, Inventarzins, Instandhaltung
des Inventars und Gebäudes, Feuerversicherung,
Steuern und sonstige Abgaben, Gehalte des ärztlichen
und Hülfspersonals, Verpflegungskosten des Personals
(denn diese gehören zum allgemeinen Betrieb), Arzneien der Ambulanz, Verwaltungskosten, Impressen
Porti u. dgl. mehr.

Es versteht sich von selbst, dass man auch auf die
Beschaffenheit des Inventars, namentlich der Betten
und Zimmer, sowie des Gebotenen, besonders der Kost,
Rücksicht nimmt, denn diese müssen mit den Ausgaben
im entsprechenden Verhältnisse stehen, sonst ist die Verwaltung keine gute.

Ich will diese Verhältnisse an einem schemati-
schen Beispiel hierzu erläutern.

Ein Krankenhaus hat im Jahr eine Gesammtausgabe
von 12,000 fl. Die Patienten hatten zusammen 10,000
Verpflegtage. Der einzelne Verpflegtag kommt dann
$12000/10000$ oder $1\frac{1}{5}$ Gulden zu stehen.

Die Generalausgaben betrugen 5000 fl., die Spital-
ausgaben 7000 fl. Der einzelne Verpflegtag verursachte
dann an Spezialausgaben $7000/10000$ oder $7/10$ fl. d. i.
42 Kreuzer, an Generalausgaben $5000/10000$ oder $1/2$ fl.
d. i. 30 kr., also beide insgesammt, wie oben berechnet
1 $1/5$ fl. oder 1 fl. 12 kr. Diese Beträge sind nahezu
die, wie ich sie in meiner Augenklinik im Jahr 1865 ge-
habt habe und entsprechen ungefähr den mittlern Verpflegungskosten in den Hospitälern im Grossherzogthum
Baden, wie aus der Zusammenstellung in dem Werke von
R. Volz (das Spitalwesen und die Spitäler des Grossherzogthums Baden, Carlsruhe 1861, pag. 102 — 105) hervorgeht.

Sind in einem Krankenhause 2 oder 3 Verpflegungsklassen eingeführt, so lässt sich aus der Summe der Einnahmen und Verpflegtage einer jeden Klasse, auch deren
mittlere Verpflegungsvergütung auf den Tag und Kopf
berechnen. So findet man, wie viel eine jede Klasse
hinter dem allgemeinen mittleren Verpflegungssatz zurück-
geblieben ist, oder denselben überstiegen hat.

10) Welches sind die Heilerfolge? Wie viele
sind deren und welcher Art sind sie? Auf die
Schwierigkeit in der Beantwortung dieser Frage haben
wir schon oben hingewiesen. Bei den ambulatorischen
Patienten ist es unmöglich die Heilerfolge mit einiger
Sicherheit festzustellen, weil die meisten derselben das
Wiederkommen, wenn sie geheilt sind, unterlassen. Daraus
kann man aber doch nicht auf ihre Heilung schliessen,
weil manche, des Kommens müde, der Krankheit ihren
Lauf lassen, oder sich in andere Behandlung begeben.

Nur bei den stationären Kranken, namentlich den Operirten, kann man die Erfolge mit hinreichender Genauigkeit bestimmen, weil man diese mindestens so lange unter den Augen behält, bis ein entscheidendes Endstadium der Krankheit, sei es Genesung, sei es Unheilbarkeit, sich eingestellt hat. Für die verschiedenen Stufen der erzielten Heilerfolge lässt sich schwer ein Schema aufstellen. Eine getreue Würdigung ist ohne weitere Auseinandersetzung kaum möglich. Indessen lassen solche Schemata doch immerhin eine annähernde Beurtheilung zu. In der Regel stellt man drei Stufen des Erfolges auf: geheilt, gebessert, ungeheilt, oder guter, mittelmässiger und kein Erfolg. Die Todesfälle pflegen durch Kreuze bezeichnet zu werden.

Haben wir durch Beantwortung aller obigen Fragen ein Urtheil gewonnen über die Leistungsfähigkeit eines Krankenhauses, so können wir den Nutzen und die Wohlthaten, welche es als Heilinstitut der Gesellschaft zu bringen im Stande ist, am genausten schätzen nach der Entwicklungsstufe, auf welcher der Zweig der Heilkunde steht, in dessen Ressort das Krankenmaterial des bestimmten Spitals gehört. So ist z. B. eine chirurgische Klinik ein erfolgreicheres Heilinstitut, als ein Spital für Epileptische. Die Augenheilkunde, dieser früher etwas stiefmütterlich angesehene Theil der Medizin, hat in den letzten Jahrzehnten eine solche Ausbildung erfahren, dass sie nicht nur in Bezug auf ihren wissenschaftlichen Ausbau, sondern auch gerade auf ihre Leistungen in erfolgreicher Behandlung eine der ersten Stufen der Medizin einnehmen dürfte. Es scheint mir von Nutzen, wenn, wie in andern Wissenschaften, so auch in der Medizin, das grössere Publikum durch populär-wissenschaftliche Vorträge und Schriften in den Stand gesetzt würde, sich darüber zu belehren, auf welcher Entwicklungsstufe die einzelnen Theile der Heilkunde sich befinden und was von ihren Leistungen zu erwarten ist. Ich will mir erlauben, dies an einem Beispiel aus der Augenheilkunde — nicht gerade an dem glänzendsten — kurz zu erläutern.

Das Studium der Gesetze, nach welchen die vielfachen Bewegungen unserer beiden Augen in wunderbarer Harmonie vor sich gehen, hat schon seit langen Jahren die grössten Geister beschäftigt und durch die Errungenschaften der Neuzeit nur an Reiz gewonnen. Eine Aufgabe der Mechanik des menschlichen Körpers ist hier ihrer Lösung nahe gebracht worden, welche der Erforschung der Gleichgewichts- und Bewegungsgesetze anderer Körpertheile als Muster dienen kann und wird. Nicht allein der Glanz der krystallhellen Hornhaut, die feine Zeichnung und Färbung der Regenbogenhaut, das tiefe geheimnissvolle Schwarz der Pupille, umgeben von dem reinen Weiss der Lederhaut, sind es, welche dem Auge seine wunderbare, mit keinem andern Naturgebilde vergleichbare Schönheit verleihen, sondern es gehören auch dazu die Lebhaftigkeit und Regelmässigkeit der Bewegungen, welche mit der Schnelligkeit des Gedankens, das Auge zu jedem Gegenstande hintragen, welcher unsere Aufmerksamkeit auf sich zieht. Darnach

erst bekommt das Auge jenen unbeschreiblich prächtigen
Ausdruck, während ein starres, unbewegliches oder schwer
bewegliches Auge matt und ausdruckslos erscheint. Aussen
am Auge liegen sechs Muskeln, welche den Augapfel
nach allen Richtungen zur Seite und Höhe mit Leichtig-
keit hinwenden, im Innern des Auges besteht aber ein
noch nicht lange entdeckter ringförmiger Muskel, welcher
das Sehorgan als ein vorzügliches optisches Instrument zum
genauen Auffassen der Dinge in allen Entfernungen des
Weltraumes befähigt, so dass wir es in dem einen Augen-
blicke als Mikroskop gebrauchen können, um das auf der
Hand liegende Staubkorn zu erkennen, im andern Augen-
blicke als Fernrohr, um einen Millionen Meilen weiten
Stern zu betrachten. Rasch wie die Bewegung nach allen
Richtungen und Entfernungen des Raumes, wird auch
der Lichteindruck zur Empfindung, und kaum ist er em-
pfunden, so ist er schon zur Vorstellung, zum Gedanken
geworden. Unser Auge durchfliegt den Raum um
Gedanken zu schöpfen. Erscheint es jetzt noch be-
fremdend, warum sich die grössten Geister mit dem Auge
und auch mit seinen Bewegungen so eingehend beschäf-
tigten? Die Aerzte liessen ihre Beobachtungen beharrlich
auf die Störungen der Augenbewegungen gerichtet sein
und betrachteten es als einen grossen Triumph, wenn es
ihnen gelang, auch nur die kleinste Unregelmässigkeit in
diesem wunderbaren Getriebe wieder in Ordnung zu
bringen. Die Bestrebungen auf diesem Felde haben bereits die herrlichsten Früchte getragen. Von der Menge
der Bewegungsstörungen, denen natürlich ein so feiner

Apparat unterworfen ist, will ich nur die bekannteste anführen, das Schielen. Während es früher unmöglich war, auch nur die geringste Besserung desselben zu bewirken, so hat die Neuzeit Methoden aufgefunden, um die Entstellung in den meisten Fällen vollkommen, in allen aber bis auf ein geringes Maass zu beseitigen. Dadurch wird aber auch das früher abirrende und erlahmende Auge wieder für die Sehthätigkeit gewonnen, und das Gesichtsvermögen bleibt erhalten und kräftigt sich, während es bei fortdauerndem Schielen immer mehr sinkt. Die dem Schielen zu Grunde liegenden ungleichen Kraftverhältnisse werden dadurch zur Norm zurückgeführt, dass man gelernt hat, durch Verlegung der Angriffspunkte der Muskeln auf der Kugeloberfläche, sei es Rücklagerung, sei es Vorlagerung, wieder Ebenmaass der Kräfte herzustellen. Aber auch die Ursachen des Schielens sind so weit erforscht, dass man jetzt weiss, es sind nicht Krämpfe während des Zahnens, oder andere zufällige Kinderkrankheiten, welche das Schielen hervorrufen, sondern Fehler im Bau des Auges der Art, dass durch die Ablenkung eines Auges das Sehen dem andern erleichtert wird. Lässt man frühzeitig die Schielenden die den fehlerhaften Bau des Auges ausgleichenden Brillengläser tragen, so wird das Schielen verhütet und verliert sich auch wohl, wenn die Ablenkung nicht schon zu sehr zur Gewohnheit geworden ist. Welches ist nun das grössere Verdienst der Wissenschaft, die Beseitigung der einmal eingetretenen Störung auf operativem Wege oder die Verhütung ihrer Ausbildung durch Aufhebung der schädlich wirkenden Ursache? An beide knüpfen sich, nebst andern, zwei grosse Namen: von Gräfe und Donders.

Dies genüge nur als ein Beispiel zum Beweise, dass man zur Beurtheilung dessen, was eine Heilanstalt zur Wohlfahrt der Gesellschaft beitragen kann, auch Kenntniss habe von dem, was die Medizin in dem Zweige, für welchen die Anstalt bestimmt ist, zu leisten im Stande ist.

Ich komme zum letzten Abschnitte meines Gegenstandes: Zur Beschaffung der Mittel für die Krankenhäuser. Diese geschieht:

1) Durch die Patienten selbst als Vergütung für Verpflegung und Behandlung. Darauf sind die Privatanstalten angewiesen. Soll eine solche bestehen, so ist sie nur für vermögende Leute berechnet. Ich nehme dabei an, dass der Unternehmer dabei keine pekuniären Opfer bringt, ja sogar, dass die Anstalt in Verbindung mit seiner Thätigkeit ihm eine entsprechende Rente abwirft, was ganz in der Ordnung ist. Wenn nun der Unternehmer — sei dies der dirigirende Arzt, oder eine mit demselben in einem Vertragsverhältniss stehende Gesellschaft — sich seine Arbeit von den Vermögenden nicht über Gebühr bezahlen und dies auf der andern Seite den Armen zu Gute kommen lässt, so ist er darauf angewiesen sich seine Auslagen von jedem Patienten vergüten zu lassen in der Höhe, wie sie dieser verursacht hat. Jenes System aber, nach welchem die reichen Patienten nicht nur ihre eigenen Kurkosten, sondern auch noch die der Armen tragen müssen, ist ein Unrecht. Man kann wohl verlangen, dass die Gesellschaft im Allgemeinen für die

unvermögenden Kranken sorgt, aber man kann nicht verlangen, dass die wenigen Vermögenden, die das Unglück haben, krank zu werden, auch noch für die kranken Unvermögenden sorgen. Dies gebührt der Gesellschaft der Gesunden. Eine Anstalt, welche dieses verkehrte Prinzip, die reichen Patienten müssen die armen erhalten, verfolgt, wird sich keines dauernden und starken Besuchs erfreuen, es sei denn, dass die Zahl der nicht zahlenden armen Patienten verschwindend klein gegen die der reichen ist. Am allerwenigsten kann man dem Arzte zumuthen, dass er den Lohn seiner Arbeit hingebe, um die Verpflegungskosten der Armen zu decken. Ich will nicht behaupten, dass solcher Edelmuth nicht verkomme, aber gewiss ist er höchst selten, denn überall im Leben fordert man billiger Weise für jede Arbeit den entsprechenden Lohn, sonst würde der Arbeitende selbst zum Bettler. Es ist also irgend etwas Abnormes vorhanden, offen oder verborgen, wo solche Beispiele der Aufopferung zu Tage treten. Ich will dies nicht näher untersuchen, nur will ich erwähnen, dass denselben nicht immer unedle Beweggründe unterliegen: z. B. ein junger Arzt opfert zur Begründung seiner Fähigkeit und seines Rufes in den ersten Jahren mehr oder minder bedeutende Summen, die er an seine armen Patienten verwendet. Dass diese nur Zweck sind zur Erwerbung reicherer Praxis, oder einer Staats- oder sonstigen öffentlichen Stellung, die ihn hernach entschädigen soll, wer kann dies dem jungen Arzte verargen? Er macht im Anfang, wie die meisten jungen Unternehmer, produktive Auslagen.

7

2) Durch freiwillige Beiträge, Geschenke und
Vermächtnisse. In früheren Zeiten und auch jetzt
noch in manchen Ländern wurden die Spitäler fast ausschliesslich auf diese Weise begründet und erhalten. In
Ländern, wo das Volk an Selbstverwaltung gewöhnt ist,
z. B. England, Amerika, werden durch freiwillige Beiträge
und Vermächtnisse jährlich ausserordentlich hohe Summen
für Wohlthätigkeitsanstalten gespendet. In Deutschland
ist dieser Weg bei weitem nicht in der Weise zur
Sitte geworden. Man ist gewohnt, dass die öffentliche
Verwaltung die für die Armen oder den Unterricht nothwendigen Spitäler und Kliniken errichte und unterhalte.
Dieser Weg ist ein anderer, und man kann nicht sagen
schlechterer. Wenn die Verwaltung überhaupt, wie das
Streben unserer Zeit ist, immer mehr den Händen des
Volkes anvertraut wird, so ist die Gründung der Wohlthätigkeitsanstalten ja auch ein Unternehmen des Volkes,
das seine Bedürfnisse selbst erkennt und befriedigt.

3) Durch Versicherungsvereine. Arbeiter, Dienstboten, Gesellen und andere mindervermögende Personen,
welche in Erkrankungsfällen nicht nur brodlos, sondern
auch hülflos werden, treten zu Vereinen zusammen und
legen in bestimmten Zeitabschnitten: monatlich, viertel-
jährlich oder jährlich ein Geringes von ihrem Lohn in
eine gemeinsame Krankenkasse. Die Statuten solcher
Vereine sind verschieden. In Erkrankungsfällen bekommen
die Mitglieder wöchentlich eine blosse, vorherbestimmte
Unterstützungssumme ausbezahlt, oder der Verein übernimmt die Kosten der ärztlichen Behandlung und Arzneien,

oder der Verein schliesst einen Vertrag ab mit einem
Krankenhause, in welches dann jene Lohnabzüge als Spitalgeld fliessen, wogegen sich dieses verpflichtet, die er-
krankenden Mitglieder des Vereines unentgeltlich zu verpflegen und zu behandeln. Der Verein ist also ein
Krankenversicherungsverein. Auf diese Weise arbeiten
zum grossen Theile unsere Spitäler in Deutschland, aber
auch ebenso in England z. B. das Augenkranken-Spital
zu Glasgow erhält jährlich 283 Pfund Sterling von öffentlichen Gewerben und 378 Pfund durch freiwillige Beiträge,
dafür werden dann die Betreffenden unentgeltlich behandelt
und verpflegt. Am Niederrhein bezahlen die Fabrikherren
die Verpflegungs- und Operationskosten ihrer kranken
Arbeiter, ohne dass die Spitäler bestimmte Aversional-
summen erhalten.

4) Durch den Staat. Der Staat unterstützt wohl
zuweilen eine Wohlthätigkeitsanstalt, wenn sie eine hervorragende gemeinnützige Wirksamkeit entwickelt und
unter pekuniären Schwierigkeiten arbeitet; doch geschieht
dies meist nur vorübergehend als Aufmunterung, indem
man erwartet, dass die Anstalt bald auf eigenen Füssen
werde stehen können, oder er verfolgt bei seiner Unterstützung eine Nebenabsicht z. B. den akademischen Unterricht. Die akademischen Spitäler, die eigentlichen
Kliniken, sind Staatsinstitute, indem der Unterricht fast
allgemein als eine Staatsangelegenheit betrachtet wird.
Der Staat .rüstet die Kliniken nur in solchem Umfange
aus, als es für den Lehrzweck genügend erscheint, über-
lässt es aber den klinischen Spitälern, sich mit städtischen,

7*

Gemeinde- oder Kreismitteln zu vergrössern. So finden
wir in allen Universitätsstädten die Gemeindespitäler mit
den Kliniken vereinigt oder es besteht gar kein eigentlich städtisches Krankenhaus: die Stadtgemeinde, die
Dienstboten und Gesellen haben mit dem akademischen
Spitale irgend welche Versicherungsverträge abgeschlossen.

5) Durch die Heimatgemeinden der Patienten. Den Gemeinden ist in unserm Gesetz die Sorge
für die mittellosen Kranken anheim gegeben. Sie machen
desshalb Verträge mit Aerzten, welche die Behandlung
der Armen gegen ein gewisses Aversum übernehmen.
Handelt es sich aber um Krankheiten, welche von dem betreffenden Arzt nicht geheilt werden können, sei es dass
ihm Spezialbildung oder Instrumente für solche Ausnahms-
fälle mangeln, wie z. B. bei grösseren chirurgischen oder
Augenoperationen, sei es dass der Arme nicht die gehörige Pflege und Wohnung in seiner Heimatgemeinde
findet, so schickt man denselben in ein für solche Kranke
bestimmtes Spital, wofür die Gemeindekasse die Verpflegungskosten trägt.

6) Durch die Kreisverbände. Nur die grösseren
städtischen Gemeinden können ihre eigenen Spitäler haben.
Die kleineren und die Landgemeinden liefern einzeln nicht
Kranke genug, um Spitäler für sich zu errichten. Da
treten die Gemeinden eines Bezirks zu Kreisverbänden
zusammen und errichten gemeinschaftliche Wohlthätigkeitsanstalten, Kreisspitäler. Die leichten Verkehrsmittel unserer Zeit begünstigen dies ausserordentlich.
Dass auf diese Weise die Anstalten ansehnlicher, zwek-

mässiger, wirksamer und zugleich billiger in Einrichtung
und Erhaltung werden, als wenn überall kleine Winkel-
spitäler gebaut werden, leuchtet ein. In Baden gibt es
viele Spitäler, selbst in ländlichen Städtchen, aber diese
stehen häufig ganz leer. Wenn einmal ein ernstes Uebel
einen Armen oder Mindervermögenden trifft, so sucht er
an der verlassenen Anstalt vorbei in eine renommirte zu
kommen und ganz besonders werden die Universitäts-
krankenhäuser aufgesucht. Der Grund davon ist einfach:
Die Einrichtungen dieser sind reichlicher und zweckmässiger
und die Aerzte berühmter, um nicht zu sagen geschickter
und erfahrener. Die Kreise also, deren Wohlthätigkeitsanstalten noch mangelhaft sind, werden demnach im
Sinne und Interesse ihrer Angehörigen handeln, wenn
sie sich grösseren Krankenhäusern anschliessen. Dass
darin wegen der Entfernungen und der zu grossen An-
füllung von Spitälern auch wieder Grenzen bestehen, versteht sich von selbst.

Welche der erwähnten Arten der Armenversorgung
in Erkrankungsfällen für eine bestimmte Körperschaft, oder
Gemeinde, oder Gegend die zweckmässigste sei, wird von
örtlichen Bedingungen grossentheils abhängig sein. Wir
wollen dies an einem Beispiel, den Augenheilanstalten im
Grossherzogthume Baden, näher untersuchen. Wäre das
Land gut arrondirt, so würde eine central gelegene öffentliche Augenheilanstalt genügen, indem die meisten grösseren
und selbst nur mittelgrossen Augenheilanstalten in Deutschland und anderwärts ihr Krankenmaterial einer Bevölkerung entnehmen, die eine Million Seelen weit übersteigt.

Die lange Dehnung des Grossherzogthums Baden lässt
aber zwei Augenheilanstalten als nothwendig erscheinen.
Diese Anstalten müssen in d e r Art öffentlich sein, dass
die Armen eines jeden Kreises, einer jeden Gemeinde, in
denselben jederzeit ein Recht auf Aufnahme haben, selbst
auf unentgeltliche Verpflegung, wenn sie mittellos sind.
Woher die beiden Anstalten dafür entschädigt werden,
wollen wir hernach besprechen. Die Sitze der beiden
Anstalten können nur die beiden Universitätsstädte Heidelberg und Freiburg sein, denn da können (des Unterrichts wegen) Augenkrankenkliniken nicht länger entbehrt
werden. Treten daneben noch hier oder da Privataugen-
heilanstalten in's Leben z. B. in Baden-Baden oder Con-
stanz, so kann dies dem Lande nur ein Gewinn sein.
Das Bedürfniss nach öffentlichen Anstalten, die den mittellosen Armen geöffnet sein sollen, wird aber durch die
beiden Augenkliniken befriedigt sein können. Die Ausdehnung einer jeden würde über 5 bis 6 Kreise, also
über 6 bis 700,000 Einwohner sich erstrecken. Das
Grenzgebiet wäre der Kreis Offenburg. Wie viel ausser-
badisches Gebiet eine jede der beiden Anstalten noch in
ihren Wirkungskreis hereinziehen kann, hängt von verschiedenen Umständen ab, namentlich von dem Bestehen
ähnlicher Anstalten im Grenzland. Für Heidelberg sind die
linksrheinische Pfalz, der hessische Odenwald und ein kleiner
Theil von Würtemberg nahe genug gelegen, um Patienten
leicht heranzuziehen, wie denn die Universitätskliniken von
Heidelberg seit langer Zeit für jene Gegenden der letzte
Zufluchtsort der schwer Erkrankten jeder Art gewesen sind

Die Mittel der beiden Universitäts-Augenkliniken würden zu suchen sein:

1) In Staatsbeiträgen, die eine solche Höhe haben müssen, dass eine zum Unterricht hinreichende Anzahl von armen Kranken unter jeder Bedingung aufgenommen werden kann.

2) In Vergütungen von Seiten der Patienten. Dies ist, wie früher gezeigt, nicht ausreichend, um die Verpflegungskosten der Armen zu decken. Freiwillige Beiträge sind zu unbestimmt und versiechen zu bald, als dass man hier zu Lande darauf eine Wohlthätigkeits-Anstalt von grösserem Umfang gründen könnte.

3) Beiträge von Seiten der Kreise. Ein jeder der 11 Kreise des Grossherzogthums Baden, deren durchschnittliche Bevölkerung also 125,000 Seelen beträgt, liefert nicht schwere Augenkranke genug, um eine Augenheil-Anstalt zu erfordern. Da aber doch ein jeder Kreis verpflichtet ist für seine armen Augenkranken bestmöglich zu sorgen, für welche in den zahlreichen allgemeinen Spitälern unseres Landes nirgends gesorgt ist, so erscheint es am Natürlichsten, wenn je 5 bis 6 Kreise sich mit einer der beiden Staatsaugenkliniken (ich will einmal annehmen, sie beständen beide schon) in Verbindung setzen der Art, dass den Armen der betreffenden Kreise in jenen Anstalten durch Verträge ein Recht auf Behandlung und Verpflegung erworben wird. Auf diese Weise unterstützen und erleichtern sich die Kreise und der Staat gegenseitig. Die Kreise sparen die Erbauungs- und Einrichtungskosten, und ausserdem kommt ihren

Kranken der jährliche Staatsbeitrag zur Klinik zu Gute.
Der Staat gewinnt aber dadurch, dass der Zuwachs an
klinischem Material, welches durch diese Kreisverträge
seiner Anstalt zufliesst, diese entsprechend lehrfähiger
macht. Eine so mit Mitteln und Material ausgestattete
Klinik wird auch ein ansehnliches Institut sein, für welche
die Berufung ausgezeichneter ärztlicher Kräfte nicht vergeblich sein, nicht so leicht abgelehnt werden dürfte.
Indem der Staat also die Klinik baut und einrichtet (was,
da es sich um die Bildungsschule der Aerzte handelt, auf's
Zweckmässigste zu geschehen pflegt), sie auch bis zum
gewissen Grade dotirt, sie ferner mit den besten erreich-
baren ärztlichen Kräften versieht und überwacht, gewinnen
die Kreise ein fest begründetes und um so viel billige-
res Asyl für ihre Kranken, als der Staat schon dafür
verwendet. Sie haben also nur noch die Ausgaben zu
bestreiten, welche für Verpflegung durch den Zuwachs
ihrer Armen entstehen, während die allgemeinen Ausgaben ihnen ganz abgenommen sind.

Wir wollen jetzt noch die möglichen Arten
des Vertrags oder Uebereinkommens in Bezug
auf ihre Zweckmässigkeit untersuchen.

Ueberlässt man die Sorge für die kranken
Armen einzig den Gemeinden, welchen sie gesetzlich zufällt, so ist für sie in der Regel schlecht gesorgt.
Es thut mir leid, das offen sagen zu müssen, aber soll
ich bei der Wahrheit meiner nicht ganz geringen Erfahrung bleiben, so kann ich nicht anders. Die armen
Augenkranken, welche auf Gemeindekosten in eine Heil-

sanstalt geschickt werden, sind meist schon halb oder ganz
erblindet. Bis sich die Gemeindebehörde einmal dazu
entschliesst, einen ihrer Angehörigen fortzuschicken und
die Verpflegung in einer fremden Anstalt zu übernehmen,
ist fast immer dasjenige Stadium der Krankheit abgelau-
fen, in welchem die Heilung noch rasch, sicher und vollständig hätte geschehen können. Die Folge davon ist,
dass die Kranken dann lange in der Anstalt bleiben müssen
und doch nicht, oder nicht ganz geheilt werden. Die
Gemeindebehörde klagt dann über die ihr verursachten
Kosten, die doch Nichts oder nicht viel genutzt hätten.
Wenn diese Fälle des Zuspätkommens, in welchen die
Erblindung oder der dauernde Schaden für das Gesicht
früher so gut hätte verhütet werden können, mir nicht
fast täglich in so betrübender Weise vorkämen, würde ich
die bessere Ordnung der Armenpflege bei Augenkranken
nicht so dringend und unabweisbar hinstellen. Ich bin kein
Freund von allgemeinen Sätzen, sondern liebe Beweise,
womöglich durch Zahlen erhärtet; doch will ich mich in
diesem Fall wegen zu grosser Ausführlichkeit von dem
Beibringen von Zahlen fern halten mit der Bemerkung,
dass ich die Beweise für das Unheilvolle des Zuspätkommens jedes Jahr an Hunderten von armen Menschen
aus meinen klinischen Büchern vorlegen könnte.

Die früher vereinigte chirurgische und augenärztliche
Klinik der Universität Heidelberg hat unter der Direktion
von Herrn Geh. Rath Chelius Verträge mit vielen Gemeinden abgeschlossen, wonach diese für einen jährlichen
Beitrag sich das Recht erwarben, ihre armen chirurgischen

und Augenkranken unentgeltlich in der Klinik behandelt
und verpflegt zu bekommen. Dies war für die Gemeinden
und die Hebung des klinischen Lehrmaterials allerdings
ein grosser Vortheil, aber das akademische Krankenhaus
hatte dadurch einen materiellen Schaden, indem die jährlichen Beiträge unverhältnissmässig gering waren und
trotzdem dass jene Anstalt über bedeutende Mittel verfügt, so musste doch der Staat häufig ein nicht unbe-
trächtliches Defizit decken. Da es ausserdem nicht leicht
und in einer grossen Zahl unmöglich ist, die Gemeinden
zu solchen Versicherungsverträgen zu bewegen, so bleibt
diese Art der Verträge immer eine unvollständige, abgesehen davon, dass sich die entsprechende Höhe des jährlichen Beitrags nicht berechnen lässt, indem unbestimmbar
bleibt, wie viele Gemeinden sich zu solchen Verträgen
verstehen. Dies geschieht nämlich bei vielen, wie im
Versicherungswesen überhaupt, erst dann, wenn sie einmal von einem recht bedeutenden Unglück befallen worden
sind, wenn ihnen die Erhaltung eines oder einiger Er-
blindeten zur Last fällt.

Es ist daher in jeder Beziehung besser, wenn die
Verträge mit der klinischen Anstalt dem engen Horizont
der einzelnen Gemeinden enthoben und von den Kreisen
abgeschlossen werden. Die Kreisabgeordneten haben dann
über die Art der Verträge zu entscheiden und die Bedingungen mit der Anstaltsdirektion statutenmässig fest-
zusetzen. Sprechen wir die möglichen Formen solcher
Verträge mit ihren Vortheilen und Nachtheilen
durch.

A. Der Kreis leistet einen jährlichen Beitrag von solcher Höhe, dass ihm dadurch das Recht ertheilt wird, **alle von ihm in die Anstalt geschickten Augenkranken** unentgeltlich darin aufgenommen, verpflegt, mit Arzneien versehen und ärztlich behandelt zu haben. Bei dieser Art des Uebereinkommens steht zu befürchten, dass die Anstalt mit unwichtigen Fällen, die ganz gut von den Lokalärzten behandelt werden könnten, überfluthet wird. Die Gemeinde und der Kreis würden ein zu grosses Interesse daran haben, alle arbeitsunfähigen armen Leute in die Anstalt zu verbringen, sobald ihnen das Geringste an den Augen fehlt. Die Anstalt würde dann mehr zur Pflege- als zur Heilanstalt werden und da sie ersteres nicht sein soll, so würde sie die Last bald drückend empfinden und den Vertrag kündigen oder abändern müssen.

B. Der Kreis zahlt einen jährlichen Beitrag und ist dadurch zur unentgeltlichen Aufnahme seiner Armen berechtigt, **dem Direktor der Anstalt bleibt aber die Entscheidung über die Nothwendigkeit der Aufnahme vorbehalten.**

Bei diesem Uebereinkommen hat die Anstalt ein zu grosses Interesse daran, möglichst wenig Arme aufzunehmen, weil deren Verpflegung nicht besonders vergütet wird. Wenn also der ärztliche Direktor mehr die pekuniäre Entwicklung der Anstalt, als die Heilung seiner Patienten berücksichtigt, so dürfte mancher Arme abgewiesen werden, dessen Aufnahme nothwendig gewesen wäre.

Die eine und die andere Art des Uebereinkommens,
wonach durch Entrichtung eines jährlichen höhern Beitrags
die unentgeltliche Aufnahme und Behandlung erworben
wird, erweisen sich demnach als unzweckmässig.

C. Der Kreis leistet keinen jährlichen Beitrag, sondern vergütet die vollen Verpflegungskosten für jeden einzelnen Armen.

Dieses Uebereinkommen ist noch nachtheiliger als
die beiden andern; weil 1) die Anstalt dann ein Interesse
daran hat, möglichst viele Arme aufzunehmen und sie
möglichst lange zu behalten, denn sie erhält sich selbst
auf diese Weise. Die Direktion kommt also in Versuchung
ungefährliche Fälle aufzunehmen und in Bezug auf die
Raschheit der Heilung reisst leicht ein Schlendrian ein,
welcher der Anstalt noch dazu ein pekuniärer Gewinn
ist. So kommt es vor, dass in manchen Spitälern aus
Lässigkeit des Arztes die Patienten wochenlang hingehalten werden, bis die nothwendige Hülfe, z. B. eine
Staaroperation, vorgenommen wird. Dieses Hinausschieben
verursacht dann beträchtlich höhere Kosten; 2) weil aus
Furcht vor den Verpflegungskosten viele arme Augenkranke dann von der Gemeinde oder Kreisbehörde gar
nicht in die Anstalt geschickt werden oder erst, wenn es
zu spät ist, während sie bei rechtzeitigem Kommen ihr
Augenlicht erhalten hätten. In diesem traurigen Falle
befinden sich leider gar zu viele Blinde und Halbblinde,
nicht nur arme, sondern auch vermögende. Wie lange
die Gemeindebehörden sich oft wehren, bis sie aus Ge-
meindemitteln einem armen Kranken die Unterstützung

für seine Heilung gewähren, ist Jedem bekannt, welcher
einen Blick in die Armenpflege, namentlich der Landgemeinden, gethan hat. Auf der anderen Seite kann man
es den Gemeindebehörden nicht allzu sehr verübeln, denn
manche sind abgeschreckt durch übergrosse Rechnungen,
welche sie aus diesem oder jenem Krankenhause für die
Verpflegung ihrer Armen erhalten haben. Die Gemeinde
oder der Kreis werden also aus Furcht vor den hohen
Verpflegungskosten die Empfehlung eines Armen in die
Heilanstalt bis auf's Aeusserste zu umgehen suchen. Dass
dieses aber den Armen oft lebenslängliches Unglück her-
beiführt und der Kreis sich damit einer seiner Pflichten
entzieht, bedarf keines Beweises.

D. Der Kreis zahlt einen kleineren jährlichen
Beitrag und die Gemeinde ein geringeres tägliches
Verpflegegeld für jeden ihrer in der Anstalt be-
handelten Ortsarmen.

Ein solches Uebereinkommen wäre schon besser. Es
vermindert die Gefahren der vorherigen Arrangements,
aber hebt sie nicht auf. So lange die Gemeinde noch
irgend einen Beitrag für ihre Ortsarmen zu entrichten
hat, wird sie mit der Einweisung des Bedürftigen zögern
und die rechte Zeit der Heilung oft versäumen.

E. Der Kreis entrichtet einen jährlichen kleineren Beitrag, übernimmt auch die jetzt entsprechend geminderten täglichen Verpflegungskosten
der Patienten und repartirt dies auf alle Gemeinden im Besteuerungswege. Dem ärztlichen Direktor der Anstalt bleibt die Entscheidung über die

Nothwendigkeit der Aufnahme des Patienten, sei
es, dass derselbe aus freien Stücken, oder von der
Gemeindebehörde empfohlen, in der Anstalt Hülfe
sucht. Nur für wirklich Arme übernimmt der
Kreis die Verpflegungskosten, minder Vermögende
bezahlen den geringen Verpflegungssatz selbst.
Die Gemeindebehörde hat darüber entsprechende
Zeugnisse auszustellen, welche von der Direktion
der Anstalt an die Kreisbehörde als Rechnungs-
beleg abgeliefert werden.

Dieser Weg erscheint als der nach allen Richtungen
hin richtigste. Er ist eine Art gemeinschaftlicher Ver-
sicherung gegen Unglücksfälle, welche aber niemals den
einzelnen Bürger oder die Gemeinde drücken wird, eben-
sowenig wie sie dem Kreis besonders grosse Lasten auf-
erlegt. Wenn die Gemeinde weiss, sie ist es nicht, die
für den speziell von einer schweren Augenkrankheit Be-
troffenen bezahlen muss, sondern der Kreis, so wird sie
nicht wegen pekuniärer Bedenken anstehen, den Erkrankten frühzeitig in die Anstalt zu schicken. Sie wird
sogar ein grosses Interesse daran haben, dass das geschieht,
damit er im Fall der Arbeitsunfähigkeit ihr nicht zur
Last falle. So ist also für die Armen vollkommen gesorgt.
Auf der anderen Seite ist auch für die sichere Existenz
der Anstalt eine erhebliche Stütze gegeben. Der jährliche
Beitrag erhöht ihr gewisses Einkommen und dies sichert
immer die Stellung und den Betrieb eines jeden Unter-
nehmens. Die Anstalt wird nicht leicht einen hülfsbedürftigen Patienten abweisen, denn sie erhält ja von jedem

derselben immerhin noch eine Vergütung für die Verpflegung, sie hat aber ein Interesse daran, denselben so rasch als möglich zu heilen, denn die Vergütung ist geringer als die verursachten Verpflegungskosten. Beträgt sie beispielsweise die Hälfte derselben, so setzt die Anstalt ja bei der Verpflegung Geld zu, wird den Patienten also nicht länger behalten, als es zur dauernden Heilung nöthig ist. Auf diese Weise vereinigen sich die Interessen aller Betheiligten, ohne dass einer zu Gunsten des andern benachtheiligt wird.

Die Höhe des jährlichen Beitrags, sowie die Entschädigung für Verpflegung von Seiten der einzelnen Kreise ist zu bestimmen, wenn man den Staatsbeitrag und die annähernde Zahl der Verpflegtage der Armen in der betreffenden Anstalt kennt. Ferner muss eine vollständige Rechnungsablage der Anstalt vorliegen, welche die Summe der jährlichen Gesammtausgaben, sowie die Spezial- und Generalausgaben der Patienten enthält, so dass man im Stande ist, die mittleren täglichen Verpflegungskosten der Armen und Vermögenden daraus zu berechnen.

Da ich mich hier nur mit einer allgemeinen Darstellung der Augenkliniken beschäftige, so darf ich nicht näher in die Einzelnheiten eingehen. Wen es interessirt, der findet dieselben an einem praktischen Beispiel ausführlich dargestellt in dem vierten Bericht über die Augenklinik des Verfassers zu Heidelberg *(Fr. Bassermann'sche Verlagsbuchhandlung, 1866)*, welcher Bericht mit dem Gedanken abgefasst wurde, sämmtliche Punkte offen darzulegen, die zur Beurtheilung der Leistungen eines Krankenhauses beitragen.

Anhang.

Beim Durchgehen der recht umfangreichen Literatur über das Spitalwesen, vermisste ich eine Statistik der Augenheilanstalten, während diese von den andern Krankenhäusern, wenn auch zerstreut, so doch ziemlich vollständig vorliegt. Um jene Lücke, soweit es mir möglich wurde, auszufüllen, habe ich mich in einem Cirkular an die mir bekannten Anstalten der verschiedenen Länder Europas gewandt. Von sehr vielen Seiten bekam ich die Rubriken des Cirkulars mehr oder minder ausführlich ausgefüllt zurück und werde diese in nachfolgender Zusammenstellung benutzen. Die Angaben sind sämmtlich authentisch, indem sie entweder von den Direktoren der betreffenden Anstalten mir direkt zugesandt, oder aus den Jahresberichten derselben genommen wurden. Dass sie unvollständig geblieben sind, ist nicht meine Schuld, denn an gutem Willen im Sammeln hat's von meiner Seite nicht gefehlt.

Ich gebe die Tabelle, in alphabetischer Reihenfolge nach den Städten geordnet, ohne erläuternde Anmerkungen. Gerne hätte ich noch die täglichen Verpflegungskosten, General- und Spezialausgaben der einzelnen Anstalten mitgetheilt, aber die mir zugegangenen Berichte ermangelten darüber theils aller Angaben, theils waren sie so ungenügend, dass vergleichbare Werthe nicht aufzustellen waren. Die Anstalten, welche eigenes Haus und Mobiliar besitzen, veranschlagen dies in der Regel nicht und können also um so viel niedrigere Verpflegungspreise aufweisen. Ich musste desshalb diese Rubrik völlig auslassen. Zu wünschen wäre es, dass die Jahresberichte auch diesen Theil, den wirthschaftlichen, mehr berücksichtigten. Es gilt für die Krankenhäuser, wie überall im Geschäftsleben, der Satz: nur eine genaue und vollständige Buchführung bringt Ordnung und Selbstbewusstsein in unsere Berufsthätigkeit.

www.ingramcontent.com/pod-product-compliance
Lightning Source LLC
Chambersburg PA
CBHW021941190326
41519CB00009B/1092